滨州市鸟类图册

◎ 尚 帅 刘云鹏 李文娟 主编

中国农业科学技术出版社

图书在版编目（CIP）数据

滨州市鸟类图册 / 尚帅，刘云鹏，李文娟主编. --
北京：中国农业科学技术出版社，2024.9. -- ISBN
978-7-5116-7071-7

Ⅰ. Q959.708-64

中国国家版本馆 CIP 数据核字第 20246MB858 号

责任编辑	周丽丽
责任校对	李向荣
责任印制	姜义伟　王思文

出 版 者	中国农业科学技术出版社
	北京市中关村南大街 12 号　邮编：100081
电　　话	（010）82106638（编辑室）（010）82106624（发行部）
	（010）82109709（读者服务部）
网　　址	https://castp.caas.cn
经 销 者	各地新华书店
印 刷 者	北京地大彩印有限公司
开　　本	185 mm×260 mm　1/16
印　　张	27.75
字　　数	560 千字
版　　次	2024 年 9 月第 1 版　2024 年 9 月第 1 次印刷
定　　价	298.00 元

◀版权所有·侵权必究▶

《滨州市鸟类图册》
编委会

主　任	赵增永
副主任	唐　全　　苏海燕
委　员	卜凡春　杨立民　吉登新　罗利盼　支建忠　崔宝存
	高　涛　刘金鹏　赵锋军　杨　帆　雷雪敏

主　编	尚　帅　刘云鹏　李文娟
副主编	周志浩　王　君　丁海廷　王宏国　李世超　马士胜
审　校	孟向东　田家怡　石东里　闫永利　胡业果

编　委（按姓氏笔画排序）

王彦美　王倩倩　王景元　石东里　田家怡　成林娟
曲　营　朱星辉　任加云　全再明　刘　洋　刘兆瑞
闫永利　孙延兵　李　俐　李　晓　李　强　李　磊
李长勇　李在军　李福友　杨秀峰　杨保根　时银川
邱小熙　余　欢　宋洋洋　张廷芳　张庭语　陈建中
陈海岩　邵　燕　范　升　周笑飞　单　凯　孟向东
胡业果　祖　麟　耿　超　凌天泽　高云霞　高晓冬
崔乐强　梁　英　梁向明　董红霞　董林水　翟　彬
戴　菲

前　言

　　鸟类，是大自然的精灵，是生态系统中不可或缺的重要组成部分。它们在维持生态平衡、促进生态循环等方面发挥着至关重要的作用。鸟类的多样性是生态环境健康的重要标志，保护鸟类就是保护我们的生态家园。

　　滨州市地处黄河三角洲腹地，拥有独特的地理位置和自然环境，是全国唯一兼具黄河滩涂湿地、山地天然森林、海洋泥质滩涂的城市。多样的生境类型孕育了丰富的鸟类资源，使滨州成为鸟类的天堂——北部拥有广袤无垠的湿地和纵横入海的河流，大面积的河口和海岸滩涂为水鸟提供了重要的栖息地和迁徙中转站；中部辽阔肥沃的农田和品类多样的林地，为众多鸟类提供了理想的觅食、栖息和繁殖场所；南部山区茂密的灌木林和高大的乔木林，也为各种林鸟提供了良好的生存空间。

　　滨州市鸟类资源调查具有重大而深远的意义，有助于我们全面了解当地的鸟类生物多样性状况，为生态保护和可持续发展提供科学依据。通过调查可以掌握鸟类的分布、数量和生存状况并及时发现问题，从而采取相应的保护措施；还能提高公众对鸟类保护的认识，激发人们对自然的热爱和保护意识。为了完成滨州市鸟类资源调查，众多专业人员、观鸟者和摄影爱好者们付出了巨大的努力，历经数年，不畏艰辛，进行实地观察和记录。在调查过程中，他们运用先进的技术手段和科学方法，对鸟类进行了系统的调查和研究，取得了丰硕的成果，不仅掌握了滨州市鸟类的种类、数量和分布情况，对各种迁徙鸟类的过境规律进行总结，对本地留鸟的繁殖育雏情况进行梳理，还发现了部分珍稀濒危鸟类的踪迹，为滨州市的鸟类保护工作提供了有力的支持。

　　本书的资料来源广泛，包括实地调查记录、专业文献、摄影作品以及鸟类爱好者的观察报告等，这些资料经过严格的筛选和整理，确保了图册的准确性和权威性。我们向参与滨州市鸟类资源调查的所有人员表示衷心的感谢，感谢他们的专业精神和科研素养，感谢他们的辛勤付出和无私奉献，感谢他们提供的姿态生动和精美细腻的鸟类生态照片！没有他们的努力，就没有这本图册的诞生！

　　希望这本《滨州市鸟类图册》能够成为人们了解滨州市鸟类的窗口，激发更多的朋友参与到鸟类保护中来，共同为建设生态家园而努力！

目　录

概　述 ……………………………… 1

鸡形目

1. 环颈雉 ………………………… 11
2. 鹌鹑 …………………………… 12
3. 石鸡 …………………………… 13

雁形目

4. 疣鼻天鹅 ……………………… 17
5. 大天鹅 ………………………… 18
6. 小天鹅 ………………………… 19
7. 灰雁 …………………………… 20
8. 鸿雁 …………………………… 21
9. 豆雁 …………………………… 22
10. 短嘴豆雁 ……………………… 23
11. 白额雁 ………………………… 24
12. 小白额雁 ……………………… 25
13. 斑脸海番鸭 …………………… 26
14. 鹊鸭 …………………………… 27
15. 斑头秋沙鸭 …………………… 28
16. 普通秋沙鸭 …………………… 29
17. 中华秋沙鸭 …………………… 30
18. 红胸秋沙鸭 …………………… 31
19. 翘鼻麻鸭 ……………………… 32
20. 赤麻鸭 ………………………… 33
21. 鸳鸯 …………………………… 34
22. 红头潜鸭 ……………………… 35
23. 青头潜鸭 ……………………… 36
24. 白眼潜鸭 ……………………… 37
25. 凤头潜鸭 ……………………… 38
26. 斑背潜鸭 ……………………… 39
27. 白眉鸭 ………………………… 40
28. 琵嘴鸭 ………………………… 41
29. 花脸鸭 ………………………… 42
30. 罗纹鸭 ………………………… 43
31. 赤膀鸭 ………………………… 44
32. 赤颈鸭 ………………………… 45
33. 斑嘴鸭 ………………………… 46
34. 绿头鸭 ………………………… 47
35. 针尾鸭 ………………………… 48
36. 绿翅鸭 ………………………… 49

䴙䴘目

37. 小䴙䴘 ………………………… 53
38. 凤头䴙䴘 ……………………… 54
39. 角䴙䴘 ………………………… 55
40. 黑颈䴙䴘 ……………………… 56

鸽形目

41. 岩鸽 …………………………… 59
42. 山斑鸠 ………………………… 60
43. 灰斑鸠 ………………………… 61
44. 火斑鸠 ………………………… 62
45. 珠颈斑鸠 ……………………… 63

沙鸡目

46. 毛腿沙鸡 ……………………… 67

夜鹰目

47. 普通夜鹰 ……………………… 71
48. 白喉针尾雨燕 ………………… 72
49. 爪哇金丝燕 …………………… 73
50. 白腰雨燕 ……………………… 74

51. 普通雨燕 ... 75

鹃形目

52. 噪鹃 ... 79
53. 大鹰鹃 ... 80
54. 四声杜鹃 ... 81
55. 大杜鹃 ... 82
56. 小杜鹃 ... 83

鹤形目

57. 普通秧鸡 ... 87
58. 红胸田鸡 ... 88
59. 斑胁田鸡 ... 89
60. 小田鸡 ... 90
61. 白胸苦恶鸟 ... 91
62. 董鸡 ... 92
63. 黑水鸡 ... 93
64. 白骨顶 ... 94
65. 白鹤 ... 95
66. 白枕鹤 ... 96
67. 蓑羽鹤 ... 97
68. 丹顶鹤 ... 98
69. 灰鹤 ... 99
70. 白头鹤 ... 100

鸨形目

71. 大鸨 ... 103

鹳形目

72. 黑鹳 ... 107
73. 东方白鹳 ... 108

鹈形目

74. 白琵鹭 ... 111
75. 黑脸琵鹭 ... 112
76. 大麻鳽 ... 113
77. 黄斑苇鳽 ... 114
78. 紫背苇鳽 ... 115
79. 栗苇鳽 ... 116
80. 夜鹭 ... 117
81. 绿鹭 ... 118
82. 池鹭 ... 119
83. 牛背鹭 ... 120
84. 苍鹭 ... 121
85. 草鹭 ... 122
86. 大白鹭 ... 123
87. 中白鹭 ... 124
88. 白鹭 ... 125
89. 黄嘴白鹭 ... 126
90. 卷羽鹈鹕 ... 127

鲣鸟目

91. 海鸬鹚 ... 131
92. 普通鸬鹚 ... 132
93. 绿背鸬鹚 ... 133

鸻形目

94. 黄脚三趾鹑 ... 137
95. 蛎鹬 ... 138
96. 反嘴鹬 ... 139
97. 黑翅长脚鹬 ... 140
98. 凤头麦鸡 ... 141
99. 灰头麦鸡 ... 142
100. 欧金鸻 ... 143
101. 金鸻 ... 144
102. 灰鸻 ... 145
103. 长嘴剑鸻 ... 146
104. 金眶鸻 ... 147
105. 环颈鸻 ... 148
106. 蒙古沙鸻 ... 149
107. 铁嘴沙鸻 ... 150
108. 东方鸻 ... 151
109. 彩鹬 ... 152
110. 水雉 ... 153
111. 中杓鹬 ... 154
112. 小杓鹬 ... 155
113. 白腰杓鹬 ... 156

114. 大杓鹬⋯⋯⋯⋯⋯⋯⋯⋯⋯⋯⋯⋯⋯	157
115. 斑尾塍鹬⋯⋯⋯⋯⋯⋯⋯⋯⋯⋯⋯⋯	158
116. 黑尾塍鹬⋯⋯⋯⋯⋯⋯⋯⋯⋯⋯⋯⋯	159
117. 翻石鹬⋯⋯⋯⋯⋯⋯⋯⋯⋯⋯⋯⋯⋯	160
118. 大滨鹬⋯⋯⋯⋯⋯⋯⋯⋯⋯⋯⋯⋯⋯	161
119. 红腹滨鹬⋯⋯⋯⋯⋯⋯⋯⋯⋯⋯⋯⋯	162
120. 流苏鹬⋯⋯⋯⋯⋯⋯⋯⋯⋯⋯⋯⋯⋯	163
121. 阔嘴鹬⋯⋯⋯⋯⋯⋯⋯⋯⋯⋯⋯⋯⋯	164
122. 尖尾滨鹬⋯⋯⋯⋯⋯⋯⋯⋯⋯⋯⋯⋯	165
123. 弯嘴滨鹬⋯⋯⋯⋯⋯⋯⋯⋯⋯⋯⋯⋯	166
124. 青脚滨鹬⋯⋯⋯⋯⋯⋯⋯⋯⋯⋯⋯⋯	167
125. 长趾滨鹬⋯⋯⋯⋯⋯⋯⋯⋯⋯⋯⋯⋯	168
126. 勺嘴鹬⋯⋯⋯⋯⋯⋯⋯⋯⋯⋯⋯⋯⋯	169
127. 红颈滨鹬⋯⋯⋯⋯⋯⋯⋯⋯⋯⋯⋯⋯	170
128. 三趾滨鹬⋯⋯⋯⋯⋯⋯⋯⋯⋯⋯⋯⋯	171
129. 黑腹滨鹬⋯⋯⋯⋯⋯⋯⋯⋯⋯⋯⋯⋯	172
130. 小滨鹬⋯⋯⋯⋯⋯⋯⋯⋯⋯⋯⋯⋯⋯	173
131. 半蹼鹬⋯⋯⋯⋯⋯⋯⋯⋯⋯⋯⋯⋯⋯	174
132. 丘鹬⋯⋯⋯⋯⋯⋯⋯⋯⋯⋯⋯⋯⋯⋯	175
133. 针尾沙锥⋯⋯⋯⋯⋯⋯⋯⋯⋯⋯⋯⋯	176
134. 扇尾沙锥⋯⋯⋯⋯⋯⋯⋯⋯⋯⋯⋯⋯	177
135. 红颈瓣蹼鹬⋯⋯⋯⋯⋯⋯⋯⋯⋯⋯⋯	178
136. 翘嘴鹬⋯⋯⋯⋯⋯⋯⋯⋯⋯⋯⋯⋯⋯	179
137. 矶鹬⋯⋯⋯⋯⋯⋯⋯⋯⋯⋯⋯⋯⋯⋯	180
138. 白腰草鹬⋯⋯⋯⋯⋯⋯⋯⋯⋯⋯⋯⋯	181
139. 灰尾漂鹬⋯⋯⋯⋯⋯⋯⋯⋯⋯⋯⋯⋯	182
140. 鹤鹬⋯⋯⋯⋯⋯⋯⋯⋯⋯⋯⋯⋯⋯⋯	183
141. 青脚鹬⋯⋯⋯⋯⋯⋯⋯⋯⋯⋯⋯⋯⋯	184
142. 红脚鹬⋯⋯⋯⋯⋯⋯⋯⋯⋯⋯⋯⋯⋯	185
143. 林鹬⋯⋯⋯⋯⋯⋯⋯⋯⋯⋯⋯⋯⋯⋯	186
144. 泽鹬⋯⋯⋯⋯⋯⋯⋯⋯⋯⋯⋯⋯⋯⋯	187
145. 小青脚鹬⋯⋯⋯⋯⋯⋯⋯⋯⋯⋯⋯⋯	188
146. 普通燕鸻⋯⋯⋯⋯⋯⋯⋯⋯⋯⋯⋯⋯	189
147. 棕头鸥⋯⋯⋯⋯⋯⋯⋯⋯⋯⋯⋯⋯⋯	190
148. 红嘴鸥⋯⋯⋯⋯⋯⋯⋯⋯⋯⋯⋯⋯⋯	191
149. 黑嘴鸥⋯⋯⋯⋯⋯⋯⋯⋯⋯⋯⋯⋯⋯	192
150. 遗鸥⋯⋯⋯⋯⋯⋯⋯⋯⋯⋯⋯⋯⋯⋯	193
151. 渔鸥⋯⋯⋯⋯⋯⋯⋯⋯⋯⋯⋯⋯⋯⋯	194
152. 黑尾鸥⋯⋯⋯⋯⋯⋯⋯⋯⋯⋯⋯⋯⋯	195
153. 普通海鸥⋯⋯⋯⋯⋯⋯⋯⋯⋯⋯⋯⋯	196
154. 北极鸥⋯⋯⋯⋯⋯⋯⋯⋯⋯⋯⋯⋯⋯	197
155. 西伯利亚银鸥⋯⋯⋯⋯⋯⋯⋯⋯⋯⋯	198
156. 小黑背银鸥⋯⋯⋯⋯⋯⋯⋯⋯⋯⋯⋯	199
157. 鸥嘴噪鸥⋯⋯⋯⋯⋯⋯⋯⋯⋯⋯⋯⋯	200
158. 红嘴巨燕鸥⋯⋯⋯⋯⋯⋯⋯⋯⋯⋯⋯	201
159. 白额燕鸥⋯⋯⋯⋯⋯⋯⋯⋯⋯⋯⋯⋯	202
160. 普通燕鸥⋯⋯⋯⋯⋯⋯⋯⋯⋯⋯⋯⋯	203
161. 灰翅浮鸥⋯⋯⋯⋯⋯⋯⋯⋯⋯⋯⋯⋯	204
162. 白翅浮鸥⋯⋯⋯⋯⋯⋯⋯⋯⋯⋯⋯⋯	205

鸮形目

163. 草鸮⋯⋯⋯⋯⋯⋯⋯⋯⋯⋯⋯⋯⋯⋯	209
164. 日本鹰鸮⋯⋯⋯⋯⋯⋯⋯⋯⋯⋯⋯⋯	210
165. 斑头鸺鹠⋯⋯⋯⋯⋯⋯⋯⋯⋯⋯⋯⋯	211
166. 纵纹腹小鸮⋯⋯⋯⋯⋯⋯⋯⋯⋯⋯⋯	212
167. 北领角鸮⋯⋯⋯⋯⋯⋯⋯⋯⋯⋯⋯⋯	213
168. 红角鸮⋯⋯⋯⋯⋯⋯⋯⋯⋯⋯⋯⋯⋯	214
169. 长耳鸮⋯⋯⋯⋯⋯⋯⋯⋯⋯⋯⋯⋯⋯	215
170. 短耳鸮⋯⋯⋯⋯⋯⋯⋯⋯⋯⋯⋯⋯⋯	216
171. 雕鸮⋯⋯⋯⋯⋯⋯⋯⋯⋯⋯⋯⋯⋯⋯	217

鹰形目

172. 鹗⋯⋯⋯⋯⋯⋯⋯⋯⋯⋯⋯⋯⋯⋯⋯	221
173. 黑翅鸢⋯⋯⋯⋯⋯⋯⋯⋯⋯⋯⋯⋯⋯	222
174. 凤头蜂鹰⋯⋯⋯⋯⋯⋯⋯⋯⋯⋯⋯⋯	223
175. 秃鹫⋯⋯⋯⋯⋯⋯⋯⋯⋯⋯⋯⋯⋯⋯	224
176. 乌雕⋯⋯⋯⋯⋯⋯⋯⋯⋯⋯⋯⋯⋯⋯	225
177. 金雕⋯⋯⋯⋯⋯⋯⋯⋯⋯⋯⋯⋯⋯⋯	226
178. 赤腹鹰⋯⋯⋯⋯⋯⋯⋯⋯⋯⋯⋯⋯⋯	227
179. 日本松雀鹰⋯⋯⋯⋯⋯⋯⋯⋯⋯⋯⋯	228
180. 松雀鹰⋯⋯⋯⋯⋯⋯⋯⋯⋯⋯⋯⋯⋯	229
181. 雀鹰⋯⋯⋯⋯⋯⋯⋯⋯⋯⋯⋯⋯⋯⋯	230
182. 苍鹰⋯⋯⋯⋯⋯⋯⋯⋯⋯⋯⋯⋯⋯⋯	231
183. 白腹鹞⋯⋯⋯⋯⋯⋯⋯⋯⋯⋯⋯⋯⋯	232
184. 白尾鹞⋯⋯⋯⋯⋯⋯⋯⋯⋯⋯⋯⋯⋯	233
185. 鹊鹞⋯⋯⋯⋯⋯⋯⋯⋯⋯⋯⋯⋯⋯⋯	234

186. 黑鸢	235	215. 牛头伯劳	277
187. 白尾海雕	236	216. 红尾伯劳	278
188. 灰脸鵟鹰	237	217. 棕背伯劳	279
189. 毛脚鵟	238	218. 楔尾伯劳	280
190. 大鵟	239	219. 灰喜鹊	281
191. 普通鵟	240	220. 喜鹊	282
		221. 红嘴山鸦	283

犀鸟目

192. 戴胜	243	222. 达乌里寒鸦	284
		223. 秃鼻乌鸦	285

佛法僧目

193. 三宝鸟	247	224. 小嘴乌鸦	286
194. 普通翠鸟	248	225. 白颈鸦	287
195. 斑鱼狗	249	226. 大嘴乌鸦	288
196. 蓝翡翠	250	227. 煤山雀	289
		228. 黄腹山雀	290

啄木鸟目

197. 蚁䴕	253	229. 沼泽山雀	291
198. 灰头绿啄木鸟	254	230. 大山雀	292
199. 星头啄木鸟	255	231. 中华攀雀	293
200. 棕腹啄木鸟	256	232. 云雀	294
201. 大斑啄木鸟	257	233. 凤头百灵	295
		234. 角百灵	296

隼形目

202. 红隼	261	235. 蒙古百灵	297
203. 红脚隼	262	236. 短趾百灵	298
204. 灰背隼	263	237. 文须雀	299
205. 燕隼	264	238. 棕扇尾莺	300
206. 游隼	265	239. 东方大苇莺	301
		240. 黑眉苇莺	302

雀形目

207. 黑枕黄鹂	269	241. 钝翅苇莺	303
208. 灰山椒鸟	270	242. 厚嘴苇莺	304
209. 暗灰鹃鵙	271	243. 小蝗莺	305
210. 黑卷尾	272	244. 矛斑蝗莺	306
211. 灰卷尾	273	245. 崖沙燕	307
212. 发冠卷尾	274	246. 家燕	308
213. 寿带	275	247. 金腰燕	309
214. 虎纹伯劳	276	248. 领雀嘴鹎	310
		249. 白头鹎	311
		250. 栗耳短脚鹎	312
		251. 黄眉柳莺	313

252. 黄腰柳莺……314	289. 宝兴歌鸫……351
253. 巨嘴柳莺……315	290. 灰纹鹟……352
254. 褐柳莺……316	291. 乌鹟……353
255. 叽喳柳莺……317	292. 北灰鹟……354
256. 冕柳莺……318	293. 白腹蓝鹟……355
257. 双斑绿柳莺……319	294. 蓝歌鸲……356
258. 淡脚柳莺……320	295. 红尾歌鸲……357
259. 极北柳莺……321	296. 蓝喉歌鸲……358
260. 黑眉柳莺……322	297. 红喉歌鸲……359
261. 棕脸鹟莺……323	298. 红胁蓝尾鸲……360
262. 远东树莺……324	299. 紫啸鸫……361
263. 鳞头树莺……325	300. 白眉姬鹟……362
264. 北长尾山雀……326	301. 黄眉姬鹟……363
265. 银喉长尾山雀……327	302. 鸲姬鹟……364
266. 山鹛……328	303. 红喉姬鹟……365
267. 棕头鸦雀……329	304. 赭红尾鸲……366
268. 震旦鸦雀……330	305. 北红尾鸲……367
269. 红胁绣眼鸟……331	306. 红尾水鸲……368
270. 暗绿绣眼鸟……332	307. 蓝矶鸫……369
271. 欧亚旋木雀……333	308. 东亚石鵖……370
272. 黑头䴓……334	309. 白喉矶鸫……371
273. 鹪鹩……335	310. 戴菊……372
274. 八哥……336	311. 太平鸟……373
275. 丝光椋鸟……337	312. 小太平鸟……374
276. 灰椋鸟……338	313. 领岩鹨……375
277. 北椋鸟……339	314. 棕眉山岩鹨……376
278. 紫翅椋鸟……340	315. 山麻雀……377
279. 白眉地鸫……341	316. 麻雀……378
280. 虎斑地鸫……342	317. 山鹡鸰……379
281. 灰背鸫……343	318. 树鹨……380
282. 乌鸫……344	319. 红喉鹨……381
283. 白眉鸫……345	320. 黄腹鹨……382
284. 白腹鸫……346	321. 水鹨……383
285. 赤胸鸫……347	322. 田鹨……384
286. 赤颈鸫……348	323. 黄鹡鸰……385
287. 红尾斑鸫……349	324. 灰鹡鸰……386
288. 斑鸫……350	325. 黄头鹡鸰……387

326. 白鹡鸰	388	340. 栗耳鹀	402
327. 燕雀	389	341. 三道眉草鹀	403
328. 锡嘴雀	390	342. 白头鹀	404
329. 黑尾蜡嘴雀	391	343. 黄喉鹀	405
330. 黑头蜡嘴雀	392	344. 红颈苇鹀	406
331. 普通朱雀	393	345. 芦鹀	407
332. 长尾雀	394	346. 苇鹀	408
333. 北朱雀	395	347. 黄胸鹀	409
334. 红腹灰雀	396	348. 田鹀	410
335. 金翅雀	397	349. 小鹀	411
336. 白腰朱顶雀	398	350. 灰头鹀	412
337. 红交嘴雀	399	351. 栗鹀	413
338. 黄雀	400	352. 黄眉鹀	414
339. 铁爪鹀	401	353. 白眉鹀	415

中文名索引 ·· 417
英文名索引 ·· 422
学名索引 ··· 427
参考文献 ··· 432

概　述

一、滨州市概况

滨州市，山东省下辖地级市，位于山东省北部，华北平原的东部边缘，黄河三角洲的中心地带。全市境域横跨黄河南北。南北最长纵距175 km，东西最大跨径120 km，总面积9660 km²。滨州位于环渤海经济圈和济南都市圈的交汇处，享有"两区两圈"的地理优势。地势自南向北逐渐降低，总体上呈现出西南向东北倾斜趋势，且地处中纬度，属东亚暖温带亚湿润大陆性季风气候区，因受太阳辐射、季风和自然地理环境影响，形成四季分明、气候温和的基本气候特征。

滨州市地理位置优越，依黄河而建，濒临渤海，被誉为山东省的北大门。其地域横跨黄河两岸，北可远眺渤海之辽阔，南可尽览群山之壮丽。境内拥有众多风景名胜，包括杜受田故居、鹤伴山国家级森林公园、孙武古城旅游区、黄河三角洲生态文化旅游岛、沾化冬枣生态旅游区以及打渔张森林公园等，吸引着众多游客前来观光游览。值得一提的是，滨州市作为东亚—澳大利西亚、环西太平洋两条鸟类迁徙通道的重要组成部分，是众多珍稀鸟类的栖息地、越冬地和繁殖地。

二、鸟类资源概况

据调查，滨州市现有鸟类达20目69科353种，占全国鸟类种类的23.4%，这一比例显示了滨州市在生物多样性保护中的重要地位。滨州市的地理位置得天独厚，横跨东亚—澳大利西亚和环西太平洋两条重要的鸟类迁徙路线，每年约有100万只鸟类迁徙过境，使之成为候鸟迁徙的关键中转站。

滨州市共记录国家一级重点保护野生鸟类21种，分别为黑鹳、东方白鹳、黑脸琵鹭、黄嘴白鹭、卷羽鹈鹕、青头潜鸭、乌雕、金雕、白尾海雕、秃鹫、白鹤、丹顶鹤、白枕鹤、白头鹤、大鸨、勺嘴鹬、小青脚鹬、黑嘴鸥、遗鸥、黄胸鹀、中华秋沙鸭；国家二级重点保护野生鸟类63种，包括鸿雁、白额雁、小白额雁、疣鼻天鹅、小天鹅、大天鹅、鸳鸯等。这些鸟类不仅丰富了滨州市的生物多样性，也突显了滨州在生态保护中的重要作用和责任。

国家重点保护鸟类主要分布于滨州贝壳堤岛与湿地国家级自然保护区、山东黄河岛国家级湿地公园及徒骇河东岸、山东小开河国家级湿地公园、滨州无棣马颊河—德惠新河地方级湿地公园、滨州博兴打渔张省级森林公园、山东麻大湖国家级湿地公园、滨州沾化思源湖省级湿地公园、山东邹平鹤伴山国家级森林公园等地域。

三、鸟类生境

（一）浅海滩涂

滨州市拥有长达 181.5 km 的大陆海岸线，滩涂面积广阔。海域生物多样性极为丰富，拥有浮游植物、浮游动物、底栖动物、鱼类、虾类和蟹类等，这些丰富的海洋生物资源是众多水鸟的食物来源。沿海区域浅海、滩涂、湿地等多种生态系统交错分布，形成了一个生物多样性极为丰富的地区，是鸟类的集中分布区域。在此生境中的鸟类主要是鹬类、鸻类、鹭类、鸥类、鸬鹚类等。

（二）滨海湿地

滨州市滨海湿地包括滨海缓平低地、贝壳滩地、潮上湿地、潮间湿地和潮下湿地。其生态系统包括粉砂淤泥质海岸、滨岸沼泽湿地和河口湿地为主的自然湿地，以及养殖池和盐田为主的人工湿地，是东北亚内陆和环西太平洋鸟类迁徙的中转站和越冬、栖息、繁衍地。因此该地区是鸟类集中的核心区域。在此生境中的鸟类主要有鹤类、鸥类、雁鸭类、燕鸥类、鸻类、鹬类、鹭类等。

（三）河流

滨州市河流除了黄河外，还有漳卫新河、马颊河、德惠新河、徒骇河、秦口河、沙河等诸多河流，这些河流中鱼、虾、贝等水生动物资源丰富，河流周围长有大量湿生植物，是鸟类理想的栖息环境。在此生境中的鸟类主要有雁鸭类、秧鸡类、燕鸥类、鹛鹩类等。

（四）水库及沉砂池

滨州市作为典型的引黄灌区，黄河水是滨州市最主要的淡水水源。滨州市修筑了大量的水库，如秦台水库、滨源水库、南海水库、利民水库、韩店水库等。许多水库面积宽广，动植物资源丰富，吸引鸟类到此觅食。为了防止黄河泥沙对水库造成淤积，在水库周边一般都建有沉沙池，渐渐形成了芦苇沼泽等生境，为鸟类提供了栖息场所。在此生境中的鸟类主要有鸭类、鹭类、鹛鹩类、鸻类、鹬类、鸬鹚类等。

（五）盐池

滨州市临近渤海，当地盐业及海水养殖产业十分发达，利用盐池制盐、养虾等。在此生境中的鸟类主要有鹬类、鸻类、鸥类等，常成群集中于少数区域。

（六）农田

此生态系统的耕作作物对于鸟类的影响较大，如耕作小麦、大豆等作物时会成为雁类、鹤类等鸟类的觅食地。如果种植水稻则会吸引鹬类、鸻类、鹭类等。农田周围则是一些小型鸟类的觅食区域。

（七）草地

一般面积广阔，受人类活动影响程度较小，是许多以昆虫为食的鸟类的理想捕食场，也是雀形目鸟类重要的繁殖地。

（八）山地

滨州市南部山地面积较大，山地因其复杂的地形和多样的生态环境，为鸟类提供了丰富的栖息地选择。不同海拔梯度上的植被类型、昆虫种类以及气候条件各异，这些因素共同塑造了鸟类的多样性和分布格局。在中高海拔地区繁殖的鸟类，在冬季会进行垂直迁徙，转移到低海拔地区以适应季节性的环境变化。

四、重要栖息地概述

（一）山东贝壳堤岛与湿地国家级自然保护区

山东贝壳堤岛与湿地国家级自然保护区位于山东省滨州市无棣县城北 60 km 处，渤海西南岸，西至漳卫新河，东至套儿河，北至浅海 −3 m 等深线。滨州贝壳堤岛与湿地国家级自然保护区划分为三个功能区，即核心区、缓冲区和实验区。保护区处于暖温带东亚季风大陆性半湿润气候区，具有四季分明、干湿明显、春干多风、夏热多雨、秋凉气爽、冬寒季长的特点。滨州贝壳堤岛是全世界保存最完整的贝壳滩脊——湿地生态系统，是研究黄河变迁、海岸线变化、贝壳堤岛形成等环境演变以及湿地类型的重要基地。仍在继续生长发育的贝壳堤岛是山东省、中国乃至全世界珍贵的海洋自然遗产。保护区还是东北亚内陆和环西太平洋鸟类迁徙的中转站和鸟类越冬、栖息、繁衍的场所，在中国生物多样性研究工作中占有极其重要的地位。

（二）山东黄河岛国家级湿地公园

山东黄河岛国家级湿地公园位于无棣县东北部、黄河古入海口咸淡水交汇处，环黄河岛区域保存较为完整的自然湿地生境。湿地公园范围西为秦口河河道和秦口河与黄河岛主干道之间的河滩地，南为水库及水库东侧的沼泽地与水库北侧林地，东、北为防潮堤外沿至套儿河中心线以西河道及河滩地。湿地公园最大的特征是黄河古道，是世界上暖温带保存最广阔、最完整、最年轻的黄河流域新生滨海滩涂湿地生态系统，具有湿地的典型性、独特性、代表性和多样性生态功能。湿地公园所在区域属北温带半湿润大陆性季风区气候，受太阳辐射、季风和自然地理环境的影响，形成了四季分明，干湿明显的基本气候特征。湿地公园地表水系较发达，地下水埋藏深度较小、水量丰富，补、排条件良好。湿地公园主要有永久性河流湿地、草本沼泽湿地、人工库塘湿地，生境类型多样，为鸟类提供了丰富的越冬、栖息、繁衍的场所。

（三）山东小开河国家级湿地公园

山东小开河国家级湿地公园位于山东省滨州市，以小开河引黄闸为起点，包括上游输沙干渠以及沉沙池，作为湿地公园主体的小开河引黄灌区是国家第一个大型引黄生态灌区，位于黄河下游，黄河三角洲腹地，南起滨州市里则小开河村，北至无棣县德惠新河，属于河流冲积平原地区，地势较为平坦，总体呈现南高北低的走势。以小开河沉沙池为核心，湿地公园具有输水、蓄水、调水、输沙、沉沙、净水提供区域安全用水保障、生态等功能，是独具特色的水利型人工湿地，是引黄灌区新生湿地生成和演替的典型代表。该区域内黄河三角洲原生植被与次生植被类型齐全，物种多样，水质良好，原生态特点突出，是重要的野生动物栖息地以及鸟类迁徙停歇地，对维护生态安全具有重要作用。

（四）沾化思源湖省级湿地公园

沾化思源湖省级湿地公园位于滨州市沾化区城区西北约 5 km 处，其东边界以胡营河为界，西边界以杨营干沟和滨港铁路为界，南边界以财源路为界，北边界以S320新海路为界。湿地公园内有大量的滩涂、芦苇等天然植被，以及枣园、果园等人工植被，原始生态保持良好，生物多样性特点显著，是重要的野生动物栖息地以及鸟类迁徙停歇地。

（五）秦皇河国家湿地公园

秦皇河国家湿地公园位于山东省滨州经济开发区东部，北起黄河五路，南至长江十一路，分为河畔居城、郊野公园、沙洲湿地三大景观区。其中，沙洲湿地景区位于长江八路至长江十一路段，主要通过湿地的净化功能，将公园上游黄河水再次沉沙净化。依托该区域现状自然地形、保留原生树种，形成大量的生态岛景观。公园内的植被可分为落叶阔叶林植被型和水生植被型。落叶阔叶林植被型主要由杨树、柳树、槐树等树种构成，为湿地公园提供了丰富的乔木资源。水生植被型则主要由莲花、芦苇、香蒲等水生植物构成，这些植物在净化水质、提供生物栖息地等方面发挥着重要作用。

（六）打渔张省级森林公园

打渔张省级森林公园位于山东省滨州市博兴县乔庄镇境内，地处黄河入海口西 60 km 处，北起黄河，南至引黄济青沉砂池，东到二干渠，西与高新区小营街道办事处接壤。公园所处的滨州市博兴县属于温带季风气候区，具有四季分明、雨热同期的特点。春季温暖多风，夏季炎热多雨，秋季凉爽宜人，冬季寒冷干燥。这种气候条件使得森林公园内的植被生长茂盛，动物种类繁多。公园内植被丰富，森林覆盖率达73%。公园内环境优美，气候温和，雨水充沛，水鸟、林鸟种类丰富。

（七）山东麻大湖国家级湿地公园

山东麻大湖国家级湿地公园位于山东省滨州市博兴县，是鲁北平原典型的内陆淡水湖泊。公园所在地区的地质构造属于华北平原的一部分，主要由第四纪沉积物构成。这些沉积物主要由黄河等河流的冲积作用形成，为湿地公园提供了肥沃的土壤和丰富的地下水资源。公园内植被丰富，具有多样的生物资源和比较完整的生态系统结构。湖区苇蒲丛生，沟汊纵横，水生植物繁多。植被主要包括乔木群落、挺水植物群落、沉水植物群落、浮水植物群落等。此外，还有大量的鱼类、底栖动物等水生生物，以及鸟类、哺乳类等陆生动物，形成了完整的食物链和生态系统。

（八）孙子故里森林公园

孙子故里森林公园位于山东省滨州市惠民县，距离县城以西 18 km 处的石庙镇。孙子故里森林公园所处的滨州市惠民县属于温带季风气候区，具有四季分明、雨热同期的特点。孙子故里森林公园内植被丰富，森林覆盖率高达86%以上，人工植被覆盖率也达到了92%以上。公园内有生态林、经济林、用材林、防护林等多种类型的林木，其中不乏树龄60余年的白杨、刺槐等树种。这些植被资源，为鸟类提供了丰富的栖息、觅食场所。

（九）鹤伴山国家森林公园

鹤伴山国家森林公园位于山东省滨州市邹平市西董街道杨家峪村，地处邹平市与济南章丘区交界处，系长白山脉、白云山系。鹤伴山是由中生代至新生代历经地质变动和岩浆喷发、地面隆起而成的低山丘陵。鹤伴山森林公园内属北温带大陆性气候区，一年四季分明。这种气候条件使得鹤伴山内的植被生长茂盛，动物种类繁多，为游客提供了良好的观赏体验。鹤伴山森林公园内植被丰富，森林覆盖率近90%，丰富的植被资源为野生动物的栖息提供了良好的条件。

（十）沾化海防办事处

海防办事处为沾化区飞地，地处东营市河口区北部，是国务院首批公布的全国491处重点渔港之一。海防原始生态环境保存完好，滩涂面积约34.4万亩[①]，芦苇湿地约8万亩。其周边海域为众多海洋生物提供了栖息、繁衍和索饵的场所，对维持渤海湾海洋生物多样性起着不可或缺的作用。丰富的浮游生物在此聚集，为鱼类、虾类、贝类等多种海洋生物构建起了食物网的基础环节，为众多候鸟提供了理想的迁徙停歇地和越冬栖息地，每年都有大量的候鸟在此停留，是东亚—澳大利西亚候鸟迁徙路线上的重要节点。

五、野外鸟类识别

（一）形态特征识别

在野外鸟类识别时，必要时需借助设备观察鸟的形态特征。如观察鸟类的身体大小和形状、仔细注意喙、尾的形状，留心头颈、眉纹、眼圈、腿的长短等显要特征，这些都为形似的鸟类辨认提供了依据。

（二）鸣声识别

利用鸟类的鸣声进行识别，尤其是在繁殖期，鸟类的鸣声因种而异，各具独特音韵。但国内目前也没有比较成型的数据库，所使用的鸟鸣声样本种类也比较少，限制了基于鸣声的物种自动识别技术的发展和应用。

（三）借助识别工具

不管在野外考察还是生态研究中，鸟类识别软件如懂鸟等都能够通过开启摄像头实时检测鸟类，或上传图片、视频进行识别。助力快速、准确地认知鸟类，为推动鸟类保护和生态平衡研究提供有力支持。

（四）野外识别注意事项

出发前，需要带上合适的装备，携带高倍望远镜和相机，以便清晰观察远处鸟类的特征；准备好图鉴类工具书，应包含丰富的鸟类图片和详细信息，如《中国鸟类野外手册》等，方便现场对照识别。同时，需要提前了解观察区域的生态环境，包括地形、植被类型、水域分布等。不同环境栖息着不同种类的鸟类，例如湿地常见水鸟，森林多为林鸟。

在观察途中，避免干扰生态和鸟类的自然行为，保持一定的观察距离，尊重它们的生存空间。遵守当地的法律法规和自然保护区的规定，不擅自进入禁止进入的区域，不破坏自然环境和鸟类栖息地。

六、鸟类识别常用术语

（一）鸟类身体（部位）特征术语

（1）喙（bill）：即鸟嘴，分上喙和下喙两部分，又称上嘴和下嘴。上嘴基部与额相

---

① 1亩≈667 m^2，15亩=1 hm^2。全书同。

接，下嘴基部与颏相接。

（2）蜡膜（cere）：位于上喙基部的蜡质或肉质裸露结构。

（3）嘴裂（gape）：鸟喙基部的肉质区域。

（4）额（forehead）：头的最前部，与上嘴基部相连。

（5）顶冠（crown）：额后的头顶正中部分。

（6）前枕（occiput）：顶冠的后部。

（7）枕部（occiput）：或称后头，为头顶之后，上颈之前的部分。

（8）眼先（lores）：位于嘴角之后，眼睛之前的区域。

（9）眼圈（orbit）：眼的周围，形为圈状。

（10）颊（cheek）：位于眼的下方，喉的上方，下嘴基部的上后方。

（11）颏（chin）：喙基部腹面所接续的一小块羽区，喉的前方。

（12）喉（throat）：紧接颏部的羽区。

（13）头部（head）：额部、顶冠、枕部和头侧的总称，但不包括颏和喉部。

（14）头罩（hood）：深色的头部（通常包含喉部）。

（15）颊区（malar area）：喙基、喉部和眼部之间的区域。

（16）脸部（face）：眼先、眼部、颊部和下颊部的总称。

（17）耳羽（auriculars）：为眼睛之后耳孔上方区域的羽毛。

（18）顶冠纹（coronal stripe）：顶冠正上方的纵向条纹。

（19）眉纹（supercilium）：位于眼上方的类似眉毛的斑纹，长者称为眉纹，短者称为眉斑。

（20）贯眼纹（transocular stripe）：又称过眼纹或穿眼纹，自嘴、前头或眼先，穿过眼而延伸至眼后的纵纹。

（21）颊纹（cheek stripe）：自喙基侧方由前而后贯穿颊部的纵纹。

（22）颏纹（mental stripe）：贯穿于颏部中央的纵纹。

（23）后颈（nape）：颈的背面，分为上颈和下颈。上颈为后颈的上部，与枕部相连。亦称项颈或简称项。

（24）侧颈（lateral neck）：颈的侧面。

（25）前颈（foreneck）：指颈部的前面，颈长的种类，位于喉的下方。

（26）领环（collar）：环绕前颈或后颈并具明显色彩对比的条带或横斑。

（27）颈翎（hackles）：某些鸟类颈部的细长羽毛。

（28）背（back）：位于下颈之后，腰部之前的背方羽区。

（29）肩（scapulars）：背的两侧、两翅基部的长羽区域。

（30）翕（mantle）：背部、翼上覆羽和肩羽的总称，亦作"上背"。

（31）腰（rump）：下背部之后、尾上覆羽前的羽区。

（32）胸（breast）：龙骨突起所在区域，为躯干下方最前面的部分，前接前颈，后接腹部。

（33）腹（abdomen）：胸部以后至尾下覆羽前的羽区，可以泄殖腔孔为后界。

（34）胁（flanks）：体侧相当于肋骨所在区域。

（35）上体（upperparts）：身体的背面，通常由头部至尾羽。

（36）下体（underparts）：身体的腹面，通常由喉部至尾下覆羽。

（37）翼（Wing）：鸟类的飞行器官。

（38）飞羽（fight feathers）：飞行中为鸟类提供上升力的初级、次级飞羽以及尾羽。

（39）初级飞羽（primaries）：着生于掌指骨上的飞羽，多为9～10枚。其在翼的外侧者称外侧初级飞羽，内侧者称为内侧初级飞羽。

（40）次级飞羽（secondaries）：着生于尺骨（前臂）上的飞羽，而且也比较短。依其位置的先后，也有外侧次级飞羽和内侧次级飞羽的区别。

（41）三级飞羽（tertiaries）：着生于肱骨上的飞羽，为飞羽中的最后一列。大多数种类不甚发达，仅在少数种类（如鹳鸽科、百灵科等）特别加长，成为分类特征之一。现在多统称为内侧飞羽。

（42）初级覆羽（primary coverts）：指覆盖于初级飞羽基部的小型羽毛。

（43）次级覆羽（secondary coverts）：指覆盖于次级飞羽基部的小型羽毛。依其排列的前后和羽片的大小，可明显地分为3种，即大覆羽（greater coverts）——羽片较大，位于次级飞羽的前方，中覆羽的后方；中覆羽（medium coverts）——羽片大小和着生部位均介于大小覆羽之间；小覆羽（lesser coverts）——位于翅的最前部，羽片最小，常排列成鳞状。

（44）前翼缘（leading edge）：两翼的前缘。

（45）翼后缘（trailing edge）：两翼的后缘。

（46）翼下（underwing）：两翼的近腹面，包括飞羽和翼覆羽。

（47）翼斑（wing bars）：由于翼羽端部和基部色彩差异而形成的带斑。

（48）翼覆羽（wing coverts）：翼上及翼下的小覆羽、中覆羽和大覆羽。

（49）翼镜（speculum）：鸭类两翼上与余部翼羽色彩对比明显的闪斑。

（50）臀（vent）：泄殖腔孔周围的区域，有时亦指尾下覆羽。

（51）胫（shank）：腿部的裸露区域。

（52）跗跖（tarsometatarsus）：指腿以下到趾之间的部分，通常没有羽毛，表皮角质鳞状。

（53）脚（foot）：跗跖、趾和爪的总称。

（54）蹼（web）：两趾间相连的皮肤；亦指羽蹼。

（55）瓣蹼（lobe）：呈环形的肉质结构（通常位于脚上以助于游泳）。

（56）顶部（cap）：通常指顶冠及其周围区域。

（57）基部（basal）：形态学下端。

（58）末端（terminal）：形态学结构的端部。

（二）鸟类发育阶段术语

（1）成鸟（adult）：性成熟并具有繁殖能力的鸟。

（2）亚成鸟（subadult）：未成年个体的晚期。

（3）幼鸟（juvenile）：雏后换羽并能飞行的鸟，其绒羽（natal down）刚换为正羽。

（4）雏鸟（fledgling）：部分或完全被羽但尚无或仅具部分飞行能力因此尚无法自由飞行的幼鸟。

（5）未成年鸟（immature）：指成鸟之前的时期，包括幼鸟和亚成鸟。

（三）鸟类居留型术语

（1）留鸟（resident）：终年留居在出生地（繁殖区）而不迁徙的鸟类，有时候有短距离游荡，以获得适宜的食物供应，有人称这种鸟为漂鸟（wanderer）。

（2）候鸟（migrant）：在春秋季节，沿着固定的路线往返于繁殖地与越冬地之间进行迁徙的鸟类。如果夏季在某一地区繁殖，秋季离开到南方较温暖地区过冬，翌年春天又返回这一地区繁殖的候鸟，就该地区而言，称夏候鸟（summer visitor）；冬季在某一地区越冬，翌年春季飞往北方繁殖，至秋季又飞临这一地区越冬的鸟，就该地区而言，称为冬候鸟（winter visitor）。

（3）旅鸟（passage migrant）：候鸟迁徙时，途中经过某一地区，不在此地区繁殖或越冬，这些候鸟就称为该地区的旅鸟。

（4）迷鸟（vagrant visitor）：在迁飞途中，偶尔因狂风等气候骤变，或依随船舶飞行，从平常的栖息区或正常的迁徙途径飘零至异地的鸟，这些候鸟称为该地区的迷鸟。

七、编写说明

2021年1月，经国务院批准，国家林业和草原局、农业农村部联合调整后的《国家重点保护野生动物名录》公布实施，对鸟类保护等级也进行了较大调整；2023年6月，郑光美院士主编的《中国鸟类分类与分布名录（第四版）》采用了与《中国观鸟年报中国鸟类名录》相同的世界鸟类学家联盟名录的分类方法；2023年6月，按照《中华人民共和国野生动物保护法》第十条规定，国家林业和草原局更新并公布了《有重要生态、科学、社会价值的陆生野生动物名录》；2023年11月，世界自然保护联盟（International Union for Conservation of Nature）更新了受威胁物种红色名录（IUCN Red List of Threatened Species，简称IUCN红色名录），其评估物种的受威胁级别为7个等级：绝灭（EX，Extinct）、野生绝灭（EW，Extinct in the Wild）、极危（CR，Critically Endangered）、濒危（EN，Endangered）、易危（VU，Vulnerable）、近危（NT，Near Threatened）、无危（LC，Least Concern）。此外有数据缺乏（DD，Data Deficient）和未评估（NE，Not Evaluated）两种情况。本书的分类和编写均按照以上最新的方法和资料完成。

本书汇总、整理了多年来滨州市鸟类监测的成果，收集、征集了本市观鸟爱好者和鸟类摄影者的第一手资料，从鸟种分类、保护级别、野外识别、生态习性等方面进行说明，以期反映当地鸟类资源的真实状况，但由于时间较为仓促，难免存在疏漏与不足之处，在此，诚恳地希望广大读者不吝赐教，对本书提出宝贵的批评和指正意见。

鸡形目

尚帅 摄

李福友 摄

李福友 摄

杨秀峰 摄

1. 环颈雉
英文名 /Common Pheasant
学名 /*Phasianus colchicus*

体长：♂ 80～100 cm；♀ 57～65 cm
保护级别：三有 / 无危（LC）
居留型：留鸟
野外识别特征：体型较大的鸟。雄鸟：头部泛黑色光泽，耳羽束明显，宽阔的眼周裸露皮肤为鲜红色。部分亚种具白色颈环。体羽鲜艳，有墨绿色、铜色和金色，两翼灰色，长而尖的尾羽为褐色并具黑色横纹。雌鸟：较小而色暗淡，周身密布浅褐色斑纹。受惊时起飞迅速而聒噪。
生态习性：杂食性鸟类。栖于不同海拔的开阔林地、灌丛、农耕地等区域。

2. 鹌鹑
英文名 /Japanese Quail　学名 /*Coturnix japonica*

体长：15 ~ 20 cm

保护级别：三有 / 近危（NT）

居留型：留鸟

野外识别特征：体型较小而滚圆的鹑类。长而尖，尾短，背面大都黑褐色，杂有浅黄色羽干纹。

生态习性：以植物性食物为主。栖于矮草地、农田、芦苇丛、滨海湿地等区域。

周志浩 摄

梁向明 摄

3. 石鸡

英文名 /Chukar Partridge　学名 /Alectoris chukar

体长：30～38 cm

保护级别：三有/无危（LC）

居留型：留鸟

野外识别特征：体型中等的雉类。喉部为皮黄色，下颊部黑色条纹贯穿眼部和下喉部。上体灰色，胸部黄色，两胁具黑色、栗色横斑和白色条纹。

生态习性：以植物性食物为主。栖于开阔山区、草原和干旱草场。

雁形目

李福友 摄

4. 疣鼻天鹅
英文名 /Mute Swan 学名 /*Cygnus olor*

体长：125～160 cm

保护级别：国家二级 / 无危（LC）

居留型：冬候鸟

野外识别特征：体型较大的天鹅。喙赤红色，喙基部黑色。雌雄区别在于雄鸟眼先具特征性黑色疣突，雌鸟黑色疣突不明显。游水时颈部呈优雅的"S"形。

生态习性：以植物性食物为主，也可取食小型水生动物。越冬鸟集群于水库、河口、滨海湿地等区域。

5. 大天鹅
英文名 /Whooper Swan   学名 /*Cygnus cygnus*

体长：140～160 cm

保护级别：国家二级 / 无危（LC）

居留型：冬候鸟

野外识别特征：体型较大的天鹅。雌雄同色，均为白色。眼先及喙基黄色并及鼻孔。喙尖为黑色，体色多灰色。

生态习性：以植物性食物为主，也可取食鱼类。越冬鸟集群于封闭水库、大水面芦苇沼泽、滨海湿地等区域。

李福友 摄

李福友 摄

6. 小天鹅
英文名 /Tundra Swan　　学名 /*Cygnus columbianus*

体长：115～150 cm

保护级别：国家二级 / 无危（LC）

居留型：冬候鸟

野外识别特征：体型较大、白色的天鹅。雌雄同色，均为白色。眼先及喙基黄色不及鼻孔。喙尖为黑色，体型比大天鹅小，但易混淆。

生态习性：以植物性食物为主，也可取食鱼类。越冬鸟集群于封闭水库、大水面芦苇沼泽、滨海湿地等区域。

7. 灰雁

英文名 /Graylag Goose
学名 /*Anser anser*

体长：76～89 cm
保护级别：三有/无危（LC）
居留型：冬候鸟
野外识别特征：体型较大的雁。喙和脚粉色，喙基无白色。上体羽色灰而羽缘白，胸浅褐色，尾上、尾下覆羽为白色。飞行中翼上浅色的覆羽与暗色的飞羽对比明显。
生态习性：以植物性食物为主。栖于草地、浅水芦苇及滩涂。

尚帅 摄

杨秀峰 摄

8. 鸿雁
英文名 /Swan Goose　学名 /*Anser cygnoides*

体长：80～94 cm

保护级别：国家二级 / 易危（VU）

居留型：旅鸟

野外识别特征：体型较大的雁。喙长而黑，基部具有白环。前颈白色，头顶及后颈红褐色，前后界限分明。跗跖橙色，臀部偏白，飞羽黑色。

生态习性：以植物性食物为主，亦可取食少量软体类动物。集群栖于浅水芦苇丛或农田。

9. 豆雁
英文名 /Bean Goose　学名 /*Anser fabalis*

体长：70～90 cm

保护级别：三有 / 无危（LC）

居留型：冬候鸟

野外识别特征：体型较大的雁。喙黑并具橘黄色次端条带，脚为橙色，颈色暗。胁部具有黑色横纹，尾白色。飞行中较其他灰色雁类色暗且颈长。

生态习性：以植物性食物为主，亦可取食少量软体类动物。常集群活动于浅水芦苇丛、近海滩涂或农田，冬季常取食麦苗。

杨秀峰 摄

时银川 摄

孟向东 摄

周志浩 摄

周志浩 摄

雁形目

10. 短嘴豆雁
英文名 /Tundra Bean Goose
学名 /Anser serrirostris

体长：70～90 cm

保护级别：三有 / 无危（LC）

居留型：旅鸟 / 冬候

野外识别特征：体型较大的雁。喙黑并具橙色次端条带，跗跖为橙色。与豆雁较难区分，与豆雁相比，喙更粗短，喙前端的橙色条带更窄。

生态习性：以植物性食物为主。与其他雁类混群活动于浅水芦苇丛、近海滩涂或农田。

11. 白额雁
英文名 /White-fronted Goose　　学名 /*Anser albifrons*

体长：70～85 cm

保护级别：国家二级/无危（LC）

居留型：旅鸟

野外识别特征：体型较大的雁。喙粉色，基部黄色，前额具有白色环线。脚橘黄色，腹部具大块黑斑。飞行中显笨重，翼下羽色较灰雁暗。

生态习性：以植物性食物为主。冬季集大群栖于浅水芦苇丛、近海滩涂或农田。

时银川 摄

12. 小白额雁
英文名 /Lesser White-fronted Goose　学名 /*Anser erythropus*

体长：53～66 cm

保护级别：国家二级 / 易危（VU）

居留型：旅鸟

野外识别特征：体型较小的雁。喙粉色，突出的白斑环绕喙基，脚橙色，腹部具黑斑。和白额雁十分相似且常在冬季混群，区别在于体型更小，喙和颈更短，喙基白斑延至上额，具有显眼的金黄色眼圈，前额较陡，腹部黑斑更小。

生态习性：以植物性食物为主。与白额雁混群，栖于浅水芦苇丛、近海滩涂或农田。

全再明 摄　　　　　　　　　　邱小熙 摄

13. 斑脸海番鸭
英文名 /Siberian Scoter　学名 /*Melanitta stejnegeri*

体长： 51～58 cm

保护级别： 三有 / 无危（LC）

居留型： 旅鸟

野外识别特征： 体型较大且矮胖的海鸭。雄鸟：喙为橙色且端部黄色、具黑色肉瘤，体羽全黑，眼下及眼后具白斑。雌鸟：浅褐色，眼、喙之间和耳羽各具一白斑。

生态习性： 杂食性鸟类。常栖于沿海海滩及内海。

14. 鹊鸭
英文名 /Common Goldeneye　　学名 /*Bucephala clangula*

体长：40～48 cm

保护级别：三有 / 无危（LC）

居留型：旅鸟

野外识别特征：中等体型的潜水鸭。雄鸟：喙为黑色、基部具大块白色圆斑，眼周为黄色，头大且具有绿色光泽。雌鸟：喙为黑色、尖部黄色，无白斑且不具光泽，通常具有狭窄的白色前颈环。

生态习性：以动物性食物为主。栖于流速缓慢的河流、溪流、水塘、滨海湿地等区域。

周志浩 摄

15. 斑头秋沙鸭
英文名 /Smew　学名 /*Mergellus albellus*

体长：38～44 cm

保护级别：国家二级 / 无危（LC）

居留型：冬候鸟

野外识别特征：体型较小的鸭。雄鸟：眼周、枕部及北部黑色，其余大部白色。雌鸟：额、头顶和枕部栗色，眼周黑色，喉及脸侧白色。

生态习性：以动物性食物为主。常栖于小型池塘、水库与河流中。

耿超 摄

周志浩 摄

14. 鹊鸭
英文名 /Common Goldeneye　学名 /*Bucephala clangula*

体长： 40 ~ 48 cm
保护级别： 三有 / 无危（LC）
居留型： 旅鸟
野外识别特征： 中等体型的潜水鸭。雄鸟：喙为黑色、基部具大块白色圆斑，眼周为黄色，头大且具有绿色光泽。雌鸟：喙为黑色、尖部黄色，无白斑且不具光泽，通常具有狭窄的白色前颈环。
生态习性： 以动物性食物为主。栖于流速缓慢的河流、溪流、水塘、滨海湿地等区域。

周志浩 摄

15. 斑头秋沙鸭
英文名 /Smew 学名 /*Mergellus albellus*

体长： 38～44 cm

保护级别： 国家二级 / 无危（LC）

居留型： 冬候鸟

野外识别特征： 体型较小的鸭。雄鸟：眼周、枕部及北部黑色，其余大部白色。雌鸟：额、头顶和枕部栗色，眼周黑色，喉及脸侧白色。

生态习性： 以动物性食物为主。常栖于小型池塘、水库与河流中。

16. 普通秋沙鸭
英文名 /Common Merganser　学名 /*Mergus merganser*

体长：54～68 cm

保护级别：三有 / 无危（LC）

居留型：冬候鸟

野外识别特征：体型较大的潜水鸭。雄鸟：喙为红色且端部带钩，头、背部绿黑色，胸及下体白色。雌鸟：头棕褐色，颏白色。

生态习性：以动物性食物为主。栖于水库、河流及芦苇丛。

雁形目

周志浩 摄

17. 中华秋沙鸭
英文名 /Chinese Merganser　学名 /*Mergus squamatus*

体长：49～64 cm
保护级别：国家一级 / 濒危（EN）
居留型：旅鸟
野外识别特征：体型较大的潜鸭。雄鸟：头部及背部绿色，枕部具长冠羽，胁及腹部具黑色鳞状纹。雌鸟：色暗而多灰色。
生态习性：杂食性鸟类。对环境要求较高，常栖于水库、河流及芦苇丛。

周志浩 摄

18. 红胸秋沙鸭
英文名 /Red-breasted Merganser 学名 /*Mergus serrator*

体长：52～60 cm

保护级别：三有 / 无危（LC）

居留型：旅鸟

野外识别特征：体型中等的潜鸭。雄鸟：整体为黑白色，喙为橙红色、端部具钩，虹膜为红色。雌鸟：喙为深红色，额、头顶、枕和后颈棕褐色，头侧和颈侧淡棕色，虹膜为红褐色。

生态习性：以动物性食物为主。主要栖息在沿海、河口和浅水海湾地区。

19. 翘鼻麻鸭
英文名 /Common Shelduck　学名 /*Tadorna tadorna*

体长：55～65 cm

保护级别：三有 / 无危（LC）

居留型：冬候鸟 / 旅鸟

野外识别特征：体型较大、黑白两色的鸭。雄鸟：喙鲜红色、上翘，喙基部具有隆起疣突。头颈黑绿色，胸部有一栗色横带。雌鸟似雄鸟，但色较暗淡，皮质疣突很小或全无。

生态习性：杂食性鸟类。冬季集群于近海滩涂、河口、芦苇丛等区域。

20. 赤麻鸭
英文名 /Ruddy Shelduck　学名 /*Tadorna ferruginea*

体长：58～70 cm
保护级别：三有 / 无危（LC）
居留型：留鸟 / 旅鸟
野外识别特征：体型较大、栗黄色的鸭。头皮黄色，全身黄褐色，雄鸟繁殖羽具黑色领环，雌鸟繁殖羽无黑色颈环。飞行时白色的翼上覆羽及铜绿色翼镜明显可见。喙和脚黑色。
生态习性：杂食性鸟类。冬季集群于近海滩涂、河口、芦苇丛等区域。

孟向东 摄

马士胜 摄

李福友 摄

雁形目

21. 鸳鸯
英文名 /Mandarin Duck   学名 /*Aix galericulata*

体长：41～51 cm

保护级别：国家二级 / 无危（LC）

居留型：旅鸟

野外识别特征：体型较小但颜色艳丽的鸭。雄鸟：喙红色，头具长羽冠，有白色眉纹，颈部具丝状饰翎。雌鸟：喙灰色，无羽冠，通体亮灰色，具雅致的白色眼圈，眼后具白色眼纹。雄鸟冬羽似雌鸟，但喙为红色。

生态习性：以植物性食物为主。秋季无规律出现，栖于芦苇沼泽。

梁向明 摄

周志浩 摄

雁形目

22. 红头潜鸭

英文名 /Common Pochard　　学名 /*Aythya ferina*

体长：41～50 cm

保护级别：三有 / 易危（VU）

居留型：冬候鸟

野外识别特征：体型中等的潜鸭。雄鸟：喙呈黑色且具灰色斑，头部栗红色，胸部黑色、腹白色。雌鸟：头、颈部呈棕色，背灰色，"眼圈"为皮黄色。

生态习性：以植物性食物为主。栖于有茂密水生植被的池塘、湖泊、滨海湿地等区域。

23. 青头潜鸭
英文名 /Baer's Pochard　学名 /*Aythya baeri*

体长：42～47 cm
保护级别：国家一级 / 极危（CR）
居留型：旅鸟
野外识别特征：中等体型的潜鸭。雄鸟：繁殖羽头部亮绿，上体黑褐色，两胁白斑线条不够整齐且尾下覆羽白，虹膜白色。雌鸟：头、颈部为黑褐色，胸淡棕褐色，腹白色，两胁褐色，具白色端斑，虹膜为淡黄色。
生态习性：杂食性鸟类。栖于池塘、水库和缓水河流。

24. 白眼潜鸭
英文名 /Ferruginous Duck   学名 /*Aythya nyroca*

体长：33～43 cm

保护级别：三有 / 近危（NT）

居留型：旅鸟

野外识别特征：体型中等的潜鸭。雄鸟：头、颈、胸及两胁深栗色，虹膜白色。雌鸟：虹膜褐色，整体暗褐色。与青头潜鸭的区别在于两胁白色较少。

生态习性：以动物性食物为主。栖于沼泽、淡水湖泊、滨海湿地等区域。

周志浩 摄

杨秀峰 摄

全再明 摄

25. 凤头潜鸭
英文名 /Tufted Duck　　学名 /*Aythya fuligula*

体长：34～49 cm

保护级别：三有 / 无危（LC）

居留型：冬候鸟 / 旅鸟

野外识别特征：体型为矮胖而敦实的潜鸭。雄鸟：整体为黑色，腹部和体侧白色。雌鸟：整体呈深褐色，两胁褐色，羽冠较短。

生态习性：以动物性食物为主。常栖于湖泊、河流、水库、滨海湿地等区域。

余欢 摄

耿超 摄

马士胜 摄

余欢 摄

26. 斑背潜鸭
英文名 /Greater Scaup　　学名 /*Aythya marila*

体长： 42～49 cm

保护级别： 三有/无危（LC）

居留型： 旅鸟

野外识别特征： 体型为矮胖的潜鸭。雄鸟：头及颈部黑色，胸黑色、腹和两胁白色，下腹杂有稀的暗褐色细斑。雌鸟：头、颈、胸和上背褐色，具不明显的白色羽端，形成鱼鳞状斑，下背和肩褐色，有不规则的白色细斑。

生态习性： 以动物性食物为主。栖于淡水湖泊、河流、水塘、河口、滨海湿地等区域。

27. 白眉鸭

英文名 /Garganey　　学名 /*Spatula querquedula*

体长：37～41 cm

保护级别：三有 / 无危（LC）

居留型：旅鸟

野外识别特征：中等体型的鸭。雄鸟：喙黑色，头部具宽阔的白色眉纹。胁具白色细纹，腹部白色。肩羽长，为黑白色。雌鸟：喙黑色，体羽灰褐色，具白眉，头纹明显，具褐色贯眼纹，腹部白色。雄鸟冬羽似雌鸟，仅飞行时可区分，雄鸟蓝灰色的翼上覆羽是其重要特征。

生态习性：以植物性食物为主。常栖于芦苇沼泽、河口、滨海湿地等区域。

李俐 摄

周志浩 摄　　余欢 摄　　孟向东 摄

28. 琵嘴鸭
英文名 /Northern Shoveler　学名 /*Spatula clypeata*

体长：44～52 cm

保护级别：三有 / 无危（LC）

居留型：旅鸟

野外识别特征：体型较大的鸭。雌雄两色，喙扁平宽而宽阔。雄鸟：腹部栗色，下体白色，头部黑色且呈现绿色光泽。雌鸟：体色较暗，尾近白色，并具深色贯眼纹，下体具棕色羽斑。

生态习性：杂食性鸟类。栖于沿海的潟湖、池塘、湖泊、滨海湿地等区域。

29. 花脸鸭
英文名 /Baikal Teal 学名 /*Sibirionetta formosa*

体长： 36～43 cm

保护级别： 国家二级 / 无危（LC）

居留型： 旅鸟

野外识别特征： 中型体型的鸭。雄鸟：喙灰黑色，脸亮绿色，具特征性黄色月牙状斑，两胁有鳞状纹，胸部具密斑点。雌鸟：喙基部具白点，颊部有白色月牙状斑，胸部具密斑点。

生态习性： 杂食性鸟类。栖于湖泊、河口、芦苇沼泽、滨海湿地等区域。

李俐 摄

胡业呆 摄

30. 罗纹鸭
英文名 /Falcated Duck　学名 /*Mareca falcata*

体长：46 ～ 54 cm

保护级别：三有 / 近危（NT）

居留型：冬候鸟

野外识别特征：中等体型的鸭。雄鸟：喙为黑色，额前具白色斑点，顶冠栗色，脸两侧绿色延至颈部，喉呈白色，具有黑色颈环，体羽白色具细纹。雌鸟：头颈体色较浅，头及颈暗灰色，两胁略带扇贝状纹，尾上覆羽，两侧具米黄色纹。

生态习性：杂食性鸟类。栖于江河、湖泊、河口、滨海湿地等区域。

周志浩 摄

周志浩 摄

31. 赤膀鸭
英文名 /Gadwall
学名 /*Mareca strepera*

周志浩 摄

体长：45～57 cm

保护级别：三有 / 无危（LC）

居留型：冬候鸟

野外识别特征：中等体型的鸭。雄鸟：喙为黑色，头呈棕色，尾为黑色，脚呈黄色，上体暗褐色。雌鸟：与绿头鸭雌鸟相似，嘴为橙黄色，腹部和次级飞羽白色。

生态习性：杂食性鸟类。栖于开阔的淡水湖泊和沼泽地带，偶见于沿海河口地区。

李俐 摄

32. 赤颈鸭

英文名 /Eurasian Wigeon   **学名** /*Mareca penelope*

体长：42～51 cm

保护级别：三有 / 无危（LC）

居留型：冬候鸟

野外识别特征：中等体型的鸭。雄鸟：喙为灰色，尖部为黑色，头、颈部呈栗色，额至头顶为黄色，两胁有白斑，腹部白色。飞行时白色翼上覆羽与飞羽及绿色翼镜对比强烈。雌鸟：通体棕褐或灰褐色，腹部白色。飞行时可见浅灰色翼上覆羽与深色飞羽。

生态习性：以植物性食物为主。栖于湖泊、沼泽、滨海湿地等区域。

33. 斑嘴鸭
英文名 /Chinese Spot-billed Duck 学名 /*Anas zonorhycha*

体长： 58～63 cm

保护级别： 三有 / 无危（LC）

居留型： 留鸟

野外识别特征： 体型较大的鸭。雌雄差异小，喙呈黑色，尖部黄色，具白色眉纹、黑色贯眼纹。飞羽为白色，飞翔时可见。

生态习性： 杂食性鸟类。栖于湖泊、河流、水库、公园、滨海湿地等区域。

孟向东 摄

李福友 摄

梁向明 摄

雁形目

34. 绿头鸭
英文名 /Mallard　学名 /*Anas platyrhynchos*

体长：55～70 cm

保护级别：三有 / 无危（LC）

居留型：留鸟

野外识别特征：体型较大的鸭。雄鸟：喙为黄色，头、颈为深绿色并具光泽，具白色颈环，胸部栗色。雌鸟：喙外侧为黄色、中间黑色，具深色贯眼纹，羽色较暗。

生态习性：杂食性鸟类。栖于水生植物丰富的湖泊、河口、池塘、滨海湿地等区域。

35. 针尾鸭
英文名 /Northern Pintail　学名 /*Anas acuta*

体长：51～76 cm

保护级别：三有 / 无危（LC）

居留型：冬候鸟

野外识别特征：体型修长的鸭。雄鸟：喙为黑色，头棕色，喉白色，颈侧具白带且延伸至头后，尾黑色，中央尾羽长，下体白色。雌鸟：头呈浅褐色，上体多黑斑，下体皮黄色，胸部具黑点，尾形尖。

生态习性：杂食性鸟类。栖于沼泽、湖泊、河口、滨海湿地等区域。

马士胜 摄

36. 绿翅鸭
英文名 /Eurasian Teal   学名 /*Anas crecca*

体长：34 ～ 38 cm

保护级别：三有 / 无危（LC）

居留型：冬候鸟

野外识别特征：体型较小的鸭。雄鸟：喙黑色，头、颈部呈栗色，具绿色眼罩，横贯头部，肩羽具白色长纹。雌鸟：头呈棕色，具贯眼纹，腹部色淡，喙灰色。

生态习性：杂食性鸟类，以动物性食物为主，冬季时以植物性食物为主。栖于水塘、河流、水库、滨海湿地等区域。

戴菲 摄

周志浩 摄

䴙䴘目

37. 小䴙䴘
英文名 /Little Grebe   学名 /*Tachybaptus ruficollis*

体长：23～29 cm
保护级别：三有 / 无危（LC）
居留型：留鸟
野外识别特征：体型较小的䴙䴘。喙为黑色、基部黄白色，眼为黄色，繁殖羽喉部和前颈偏红，顶冠和颈部后方深灰褐色，上体褐色，下体偏灰，嘴裂处具明显黄斑。非繁殖羽上体灰褐，下体白。
生态习性：以动物性食物为主。栖于湖泊、池塘、河流、水库、滨海湿地等区域。

䴙䴘目

尚帅 摄

胡业果 摄

翟彬 摄

尚帅 摄

马士胜 摄

38. 凤头䴙䴘
英文名 /Great Crested Grebe　学名 /Podiceps cristatus

体长： 45～51 cm

保护级别： 三有 / 无危（LC）

居留型： 留鸟

野外识别特征： 体型较大的䴙䴘。喙细长、黄色，颈部修长，虹膜近红色。夏羽：眼周及颊、喉白色，颈部具栗色饰羽。冬羽：脸颊及前颈全为白色，仅眼先黑色。

生态习性： 以动物性食物为主。栖于开阔的平原、湖泊、江河、水塘、水库和滨海湿地区域。

39. 角䴙䴘
英文名 /Slavonian Grebe 学名 /*Podiceps auritus*

体长：31～39 cm

保护级别：国家二级 / 易危（VU）

居留型：冬候鸟 / 旅鸟

野外识别特征：体型中等的䴙䴘。繁殖羽具标志性的橙黄色贯眼纹和羽冠，延至枕部，前颈和两胁深栗色。冬羽脸上白色更多，喙不上翘，头更大而平。虹膜呈红色，眼圈为白色；喙部为黑色、且尖端偏白。

生态习性：杂食性鸟类。栖于开阔的河口、近海水域。

䴙䴘目

梁向明 摄

40. 黑颈䴙䴘

英文名 /Black-necked Grebe　　学名 /*Podiceps nigricollis*

体长：25 ～ 35 cm

保护级别：国家二级 / 无危（LC）

居留型：冬候鸟 / 旅鸟

野外识别特征：体型中等的䴙䴘。成鸟繁殖羽具松软的黄色耳羽束，前颈黑色，喙较角䴙更为上翘。幼鸟羽似成鸟冬羽，但褐色较重，胸部具深色带，眼圈白色，虹膜红色。

生态习性：以动物性食物为主。栖于开阔的平原、湖泊、江河、水塘、水库、滨海湿地区域。

李俐 摄

鸽形目

刘云鹏 摄

41. 岩鸽
英文名 /Hill Pigeon
学名 /*Columba rupestris*

体长：30～35 cm

保护级别：三有 / 无危（LC）

居留型：旅鸟

野外识别特征：体型中等、灰色的鸽。体灰白，头颈蓝灰，颈和上胸缀金属光泽铜绿，后喙具紫红色光泽颈圈，翼具两道黑色翼斑，尾部端黑基白。

生态习性：以植物性食物为主。栖于多峭壁崖洞的岩崖地区。

鸽形目

42. 山斑鸠
英文名 /Oriental Turtle Dove
学名 /*Streptopelia orientalis*

体长：28～36 cm

保护级别：三有 / 无危（LC）

居留型：旅鸟

野外识别特征：体型中等、偏粉色的斑鸠。头部淡灰，下体偏粉，尾羽偏黑，尾端浅灰，跗跖红色。

生态习性：以植物性食物为主。成对活动或集季节性大群，多在开阔农耕区、村庄及树林活动，觅食于地面。

尚帅 摄

刘云鹏 摄

孟向东 摄

43. 灰斑鸠
英文名 /Eurasian Collared Dove 学名 /*Streptopelia decaocto*

体长：25～34 cm

保护级别：三有 / 无危（LC）

居留型：旅鸟

野外识别特征：体型中等、褐灰色的斑鸠。整体淡灰，后颈具黑白色半领环且上、下缘白，上体色纯，下体灰略染粉，尾、腰与上体色一致。

生态习性：以植物性食物为主。栖于农田和村庄，也栖息于房屋、电线杆和电线上。

鸽形目

尚帅 摄

孟向东 摄

杨秀峰 摄

44. 火斑鸠
英文名 /Red Turtle Dove　学名 /*Streptopelia tranquebarica*

体长：20～23 cm

保护级别：三有 / 无危（LC）

居留型：旅鸟

野外识别特征：体型小、酒红色的斑鸠。后颈具黑色半领环，跗跖红，爪黑褐。雄鸟：头颈部偏灰，上体偏红，下体偏粉，翼覆羽棕黄色，初级飞羽偏黑色，尾羽灰黑色具宽阔的白色斑。雌鸟：体色偏褐沾灰色，上体深土褐色，下体浅土褐略带粉色，体羽红色较少。

生态习性：以植物性食物为主。栖于开阔的平原、田野、村庄、果园及宅旁竹林地带，也出现于低山丘陵和林缘地带。

李福友 摄

45. 珠颈斑鸠
英文名 /Spotted Dove
学名 /*Spilopelia chinensis*

体长： 27～33 cm
保护级别： 三有 / 无危（LC）
居留型： 留鸟
野外识别特征： 体型中等、粉褐色的斑鸠。上体褐，下体粉，喉部近白，后颈黑并布满白色珍珠状斑点。两翼飞羽黑褐，尾较长，外侧尾羽黑褐色但末端白色。外虹膜橙，跗跖红。
生态习性： 以植物性食物为主。栖于有稀疏树木生长的平原、草地、丘陵和农田地带。

鸽形目

尚帅 摄

· 63 ·

沙鸡目

46. 毛腿沙鸡
英文名 /Pallas's Sandgrouse
学名 /*Syrrhaptes paradoxus*

体长：30～43 cm
保护级别：三有 / 无危（LC）
居留型：冬候鸟
野外识别特征：体型较大、沙色的沙鸡。中央尾羽延长，背部具黑色斑点，脸侧橙黄色。喉部无黑色斑，但腹部具特征性黑斑。雄鸟：胸部浅灰色无纵纹，具黑色横斑胸带。雌鸟：颈侧具黑色斑点。飞行时翼形尖，翼下白色，次级飞羽具狭窄黑色后缘。
生态习性：以植物性食物为主。栖于开阔贫瘠原野、草原和半荒漠，亦光顾耕地。

杨秀峰 摄

沙鸡目

夜鷹目

刘云鹏 摄

孟向东 摄

47. 普通夜鹰
英文名 /Grey Nightjar　学名 /*Caprimulgus jotaka*

体长：24～29 cm
保护级别：三有 / 无危（LC）
居留型：夏候鸟
野外识别特征：体型中等、偏灰色的夜鹰。雄鸟：似长尾夜鹰，但无锈色颈环，外侧四对尾羽具白色斑纹。雌鸟：似雄鸟，区别在于皮黄色斑取代白色斑。
生态习性：以动物性食物为主。常栖于较开阔的山区森林和灌丛。

余欢 摄

夜鹰目

余欢 摄

48. 白喉针尾雨燕
英文名 /White-throated Spinetail
学名 /Hirundapus caudacutus

体长：19～21 cm

保护级别：三有 / 无危（LC）

居留型：旅鸟

野外识别特征：体型大、偏黑色雨燕。颏部、喉部和尾下覆羽均为白色，三级飞羽具小块白斑，背部褐色并具银白色马鞍状斑。

生态习性：以动物性食物为主。主要栖于山地森林、河谷等开阔地带。

周志浩 摄

49. 爪哇金丝燕
英文名 /Edible-nest Swiftlet　学名 /*Aerodramus fuciphagus*

体长：11.5～12.5 cm
保护级别：国家二级 / 无危（LC）
居留型：迷鸟
野外识别特征：上体深黑褐色，尾部深叉，尾羽基部色泽较淡，腰带斑较浅。下体颜色从喉部最淡的灰色渐变为更深的褐灰色，尾下覆羽黑色。脚短，趾部分裸露或轻覆羽毛。
生态习性：以动物性食物为主。栖于多种生境，包括海岸线、内陆和高海拔地区。

马士胜 摄

50. 白腰雨燕
英文名 /Fork-tailed Swift　学名 /*Apus pacificus*

体长：17～20 cm

保护级别：三有 / 无危（LC）

居留型：旅鸟

野外识别特征：体型较大、污褐色的雨燕。不易被误认，尾长而分叉较深，颏部偏白，腰部具白斑。

生态习性：以动物性食物为主。栖于水体附近的陡坡、岩壁和悬崖周围。

杨秀峰 摄

51. 普通雨燕
英文名 /Common Swift
学名 /*Apus apus*

体长：16～19 cm

保护级别：三有/无危（LC）

居留型：旅鸟

野外识别特征：体型大的雨燕。通体暗黑褐色，尾部中等分叉，喉部色浅。额部比顶冠色浅，两翼外侧较内侧色浅。

生态习性：以动物性食物为主。集群营巢于屋檐下或石崖上。

鹃形目

马士胜 摄

孟向东 摄

52. 噪鹃
英文名 /Western Koel　学名 /*Eudynamys scolopaceus*

体长：39～46 cm

保护级别：三有 / 无危（LC）

居留型：夏候鸟

野外识别特征：体型较大的鹃。雄鸟：通体黑色；雌鸟：灰褐色杂白色。喙浅绿色，虹膜红色。

生态习性：杂食性鸟类。栖于林地、滨海湿地等区域。

53. 大鹰鹃
英文名 /Large Hawk-cuckoo　　学名 /*Hierococcyx sparverioides*

体长：38～42 cm

保护级别：三有/无危（LC）

居留型：夏候鸟

野外识别特征：体型较大、灰褐色的鹃。尾端白色，胸部棕色并具白色和灰色杂斑，腹部具白色和褐色横斑并沾棕色，颏部黑色。未成年鸟上体褐色并具棕色横斑，下体皮黄色并具偏黑色纵纹。

生态习性：杂食性鸟类。栖于山林中，冬天常到平原地带以及树上活动。

马士胜 摄　　　　　　　　余欢 摄

54. 四声杜鹃
英文名 /Indian Cuckoo　学名 /*Cuculus micropterus*

体长：30～34 cm

保护级别：三有 / 无危（LC）

居留型：夏候鸟

野外识别特征：体型中等、偏灰色的鹃。雄鸟虹膜红褐色，眼圈黄色，上喙黑色而下喙偏绿色，喉部、胸部淡灰色。雌鸟较雄鸟体羽多褐色。亚成鸟头部和背部上方具偏白的皮黄色鳞状斑。

生态习性：以动物性食物为主。栖于原生林和次生林的树冠层。

尚帅 摄

55. 大杜鹃
英文名 /Common Cuckoo　学名 /*Cuculus canorus*

体长：30～35 cm

保护级别：三有 / 无危（LC）

居留型：夏候鸟

野外识别特征：中等体型的鹃。眼圈黄色，上喙深色而下喙黄色，跗跖黄色。上体灰色，尾部偏黑色，腹部偏白色并具黑色横斑。

生态习性：以动物性食物为主。栖于开阔有林地带和大片芦苇地，有时停歇于电线上找寻东方大苇莺等寄主的巢。

56. 小杜鹃
英文名 /Lesser Cuckoo   学名 /*Cuculus poliocephalus*

体长：24～26 cm
保护级别：三有 / 无危（LC）
居留型：夏候鸟
野外识别特征：体型较小的灰色鹃。雄鸟眼圈黄色，虹膜褐色，臀部沾皮黄色、尾部灰色且无横斑，但尾端为白色。雌鸟似雄鸟，亦具棕色型，通体具黑色条纹。
生态习性：杂食性鸟类。栖于多森林覆盖的乡野。

周志浩 摄

鹃形目

鹤形目

57. 普通秧鸡
英文名 /Eastern Water Rail
学名 /*Rallus indicus*

体长：25～31 cm

保护级别：三有 / 无危（LC）

居留型：留鸟

野外识别特征：体型中等的秧鸡。整体呈褐色，喙长、略下弯，喙呈暗红色，腹部具黑色横纹。

生态习性：杂食性鸟类。栖于水边植被茂密处、沼泽、芦苇丛。

尚帅 摄

凌天泽 摄

鹤形目

58. 红胸田鸡
英文名 /Ruddy-breasted Crake 学名 /*Zapornia fusca*

体长：19～23 cm

保护级别：三有 / 无危（LC）

居留型：旅鸟

野外识别特征：体型较小、红褐色的秧鸡。喙短偏褐色，虹膜红色，跗跖红色。枕部和上体纯褐色，头侧和胸部棕红色，颏部白色，腹部和尾下近黑并具白色细横纹。

生态习性：杂食性鸟类。栖于芦苇地、稻田和湖边干燥灌丛。

马士胜 摄

马士胜 摄

59. 斑胁田鸡
英文名 /**Band-bellied Crake**　学名 /*Zapornia paykullii*

体长：22～25 cm

保护级别：国家二级 / 近危（NT）

居留型：旅鸟

野外识别特征：体型中等、红褐色的秧鸡。喙短偏黄色，虹膜红色，跗跖红色。成鸟：顶冠和上体深褐色，颏部白色，头侧和胸部栗色，两胁和尾下近黑并具白色细横纹。幼鸟：为褐色而非栗色。

生态习性：杂食性鸟类。栖于潮湿多草的草甸和稻田。

60. 小田鸡

英文名 /Baillon's Crake
学名 /*Zapornia pusilla*

体长：15～20 cm
保护级别：三有 / 无危（LC）
居留型：旅鸟
野外识别特征：体型极小的秧鸡。整体呈灰褐色，喙短，背部具白色纵纹，两胁和尾下具白色细横纹。雄鸟：顶冠和上体红褐色，具黑白色纵纹，胸、脸灰色。雌鸟：体色较暗，耳羽褐色。
生态习性：杂食性鸟类。常栖于多草沼泽。

61. 白胸苦恶鸟
英文名 /White-breasted Waterhen　学名 /*Amaurornis phoenicurus*

体长：28～35 cm

保护级别：三有 / 无危（LC）

居留型：旅鸟或迷鸟

野外识别特征：体型较大的秧鸡。整体呈深青灰色，喙为绿色且基部红色，顶冠和上体灰色，虹膜红色，跗跖黄色。

生态习性：杂食性鸟类。栖于长有芦苇或杂草的沼泽地和有灌木的高草丛、湿灌木、水稻田，以及河流、灌渠边等。

李在军 摄

62. 董鸡
英文名 /Watercock
学名 /Gallicrex cinerea

体长：♂ 40～43 cm；♀ 34～36 cm

保护级别：三有 / 无危（LC）

居留型：夏候鸟

野外识别特征：体型较大的秧鸡。整体呈现黑色或皮黄褐色。雄鸟：喙呈黄色，额部为红色。雌鸟：呈褐色，下体具细密横纹。

生态习性：杂食性鸟类。栖于水稻田、芦苇丛等区域。

63. 黑水鸡
英文名 /Common Moorhen
学名 /*Gallinula chloropus*

体长：24～35 cm

保护级别：三有 / 无危（LC）

居留型：留鸟

野外识别特征：体型中等的秧鸡。整体呈青色，喙及额前为红色，两胁有白纹，尾下具白斑。

生态习性：杂食性鸟类。常见于小型水域、池塘和芦苇丛中。

尚帅 摄

鹤形目

64. 白骨顶
英文名 /Common Coot　学名 /*Fulica atra*

体长：36 ～ 41 cm
保护级别：三有 / 无危（LC）
居留型：留鸟
野外识别特征：体型较大的秧鸡。喙及前额为白色，虹膜为红色，体羽为黑灰色，仅飞行时可见狭窄近白色后缘，具瓣蹼足。
生态习性：杂食性鸟类。栖于多种有水的生境，繁殖于芦苇丛。

杨秀峰 摄

刘云鹏 摄

李福友 摄

孟向东 摄

翟彬 摄

65. 白鹤
英文名 /Siberian Crane
学名 /*Leucogeranus leucogeranus*

体长：120～145 cm

保护级别：国家一级 / 极危（CR）

居留型：旅鸟

野外识别特征：体型较大的鹤。整体呈白色，喙橙色，头部裸露无羽且呈深红色，跗跖粉红色。幼鸟体羽金棕色。

生态习性：杂食性鸟类。栖于芦苇沼泽、近海滩涂、滨海湿地等区域。

鹤形目

李福友 摄

66. 白枕鹤
英文名 /White-naped Crane　学名 /*Antigone vipio*

体长：120～125 cm

保护级别：国家一级 / 易危（VU）

居留型：旅鸟

野外识别特征：体型较大的鹤。脸侧为红色，具黑色边缘，喉部和颈部后方白色。枕、胸和颈部前方的灰色延至颈侧呈狭窄尖形。初级飞羽黑色，体羽余部为不同程度的灰色。

生态习性：杂食性鸟类。栖于滨海湿地、河口区域，觅食于农耕地。

67. 蓑羽鹤
英文名 /Demoiselle Crane 学名 /*Grus virgo*

体长：70～100 cm

保护级别：国家二级 / 无危（LC）

居留型：旅鸟

野外识别特征：体型较小的鹤。整体呈蓝灰色，顶冠白色，眼后和耳羽白色，羽毛延长成束状，垂于头侧；头顶珍珠灰色；喉和前颈羽毛也极度延长成蓑状，悬垂于前胸。雄鸟虹膜为红色，雌鸟虹膜为橙色。

生态习性：杂食性鸟类。栖于滨海湿地周围或在农田活动。

杨秀峰 摄

68. 丹顶鹤
英文名 /Red-crowned Crane
学名 /*Grus japonensis*

体长：120～160 cm

保护级别：国家一级 / 易危（VU）

居留型：冬候鸟

野外识别特征：体型较大的鹤。头部裸露，呈现红色，眼先、脸颊、喉部和颈侧黑色。耳羽具白色羽斑，嘴呈淡黄绿色，尾巴较短，尾羽为白色。

生态习性：杂食性鸟类。栖于芦苇沼泽、近海滩涂、河口等区域。

梁向明 摄

李福友 摄

周志浩 摄

翟彬 摄

69.灰鹤
英文名/Common Crane
学名/*Grus grus*

体长：100～125 cm
保护级别：国家二级/无危（LC）
居留型：冬候鸟
野外识别特征：体型中等的鹤。整体呈灰色，前额与眼先为黑色，头顶端为黑色、中心红色，头、颈深青灰色。自眼后有一道宽的白色条纹伸至颈背。体羽其余部分为灰色。
生态习性：杂食性鸟类，但以植物为主，喜食芦苇的根和叶。栖于芦苇沼泽、近海滩涂、河口等，常集大群。

李福友 摄

鹤形目

70. 白头鹤
英文名 /Hooded Crane　学名 /*Grus monacha*

体长：90～100 cm

保护级别：国家一级 / 易危（VU）

居留型：旅鸟

野外识别特征：体型较小的鹤。整体呈深灰色，颈部白色，顶冠前端黑色、中心红色。飞行时可见黑色飞羽。

生态习性：杂食性鸟类。栖于滨海湿地及周边农田。

周志浩 摄

杨保根 摄

孟向东 摄

鸻形目

张廷芳 摄

李福友 摄

71. 大鸨
英文名 /Great Bustard　学名 /*Otis tarda*

体长：♂ 90 ～ 105 cm；♀ 75 ～ 85 cm

保护级别：国家一级 / 易危（VU）

居留型：冬候鸟

野外识别特征：体型壮硕的鸨。头部灰色，颈部棕色，上体棕色具黑色横斑，下体及尾下白色。雄鸟：繁殖羽颈前具白色丝状羽，颈侧具棕色丝状羽。飞行时两翼偏白，次级飞羽黑色，初级飞羽羽端深色。

生态习性：杂食性鸟类。冬季栖于农田附近。

全再明 摄

鹳形目

周志浩 摄

72. 黑鹳
英文名 /Black Stork　学名 /*Ciconia nigra*

体长：100～120 cm

保护级别：国家一级 / 无危（LC）

居留型：旅鸟

野外识别特征：体型较大的鹳。整体呈黑色且具有紫色光泽，下胸、腹部和尾下覆羽白色，喙和跗跖红色。眼周裸露皮肤红色。

生态习性：以动物性食物为主。栖于沼泽、池塘、湖泊、河流沿岸及河口地区。

耿超 摄

73. 东方白鹳
英文名 /Oriental Stork　学名 /*Ciconia boyciana*

体长：100 ~ 115 cm
保护级别：国家一级 / 濒危（EN）
居留型：夏候鸟 / 留鸟
野外识别特征：体型较大的鹳。喙厚直呈黑色，两翼黑色。跗跖红色，眼周裸露皮肤粉红色。未成年鸟为污黄白色。
生态习性：以动物性食物为主。栖于湖泊、水库、池塘等边缘的浅水区或水田中。

李福友 摄

刘云鹏 摄

鹈形目

李福友 摄

张廷芳 摄

74. 白琵鹭
英文名 /Eurasian Spoonbill **学名** /*Platalea leucorodia*

体长：80～95 cm

保护级别：国家二级 / 无危（LC）

居留型：旅鸟

野外识别特征：体型较大的琵鹭。灰色的喙长而形似琵琶。头部裸露皮肤黄色，眼先具黑色线。与黑脸琵鹭冬羽的区别在于体型较大，脸部黑色较少，白色羽毛延伸过喙基，喙色较浅。

生态习性：以动物性食物为主。栖于平原至山地的湖泊、河流、水库、沼泽等湿地。

75. 黑脸琵鹭
英文名 /Black-faced Spoonbill　学名 /*Platalea minor*

体长：60 ～ 79 cm

保护级别：国家一级 / 濒危（EN）

居留型：旅鸟

野外识别特征：体型较大、白色的琵鹭。灰黑色的喙长而形似琵琶。似白琵鹭冬羽，但喙部全黑，脸部裸露皮肤黑色且面积较大。

生态习性：以动物性食物为主。栖于湖泊、水塘、沼泽、河口至滨海湿地的芦苇沼泽地。

李俐 摄

周志浩 摄

76. 大麻鳽
英文名 /Eurasian Bittern   学名 /*Botaurus stellaris*

体长：64～78 cm

保护级别：三有 / 无危（LC）

居留型：留鸟

野外识别特征：体型较大、金褐色的鳽。喙较短呈黄色，头顶黑色，颏与喉部白色且其边缘具明显的黑色颊纹。飞行时具有褐色横斑的飞羽与金色的翼上覆羽及背部对比明显。

生态习性：以动物性食物为主。栖于河流、湖泊、池塘的芦苇丛及沼泽地中。

鹳形目

胡业杲 摄

77. 黄斑苇鳽
英文名 /Yellow Bittern　学名 /*Ixobrychus sinensis*

体长：30～40 cm

保护级别：三有 / 无危（LC）

居留型：夏候鸟

野外识别特征：体型较小、皮黄色的鳽。成鸟：头顶黑色，上体浅黄褐色，下体皮黄色，黑色飞羽与皮黄色翼覆羽形成强烈对比。亚成体：似成鸟，但褐色较浓，全身纵纹密布，两翼和尾部黑色。

生态习性：以动物性食物为主。栖于中小型湖泊、水库、稻田和沼泽中。

孟向东 摄

78. 紫背苇鳽
英文名 /Schrenck's Bittern
学名 /*Ixobrychus eurhythmus*

体长：33～42 cm

保护级别：三有 / 无危（LC）

居留型：夏候鸟

野外识别特征：体型较小、深褐色的鳽。雄鸟：顶部黑色，上体紫栗色，下体具黄色纵纹，喉部、胸部有深色纵纹形成的中线。雌鸟：羽褐色较重，上体具黑白色和褐色杂点，下体有纵纹。飞行时翼下灰色为其特征。

生态习性：以动物性食物为主。栖于富有岸边植物的河流、干湿草地、水塘和沼泽地上。

李福友 摄

鹳形目

79. 栗苇鳽
英文名 /Cinnamon Bittern 学名 /*Ixobrychus cinnamomeus*

体长：31～41 cm

保护级别：三有 / 无危（LC）

居留型：夏候鸟

野外识别特征：体型较小、橙褐色的鳽。雄鸟：上体栗色，下体黄褐色，喉、胸部有黑色纵纹形成的中线。雌鸟：上体色暗，具白色点斑。

生态习性：以动物性食物为主。栖于芦苇沼泽、水塘、溪流、滨海湿地等区域。

马士胜 摄

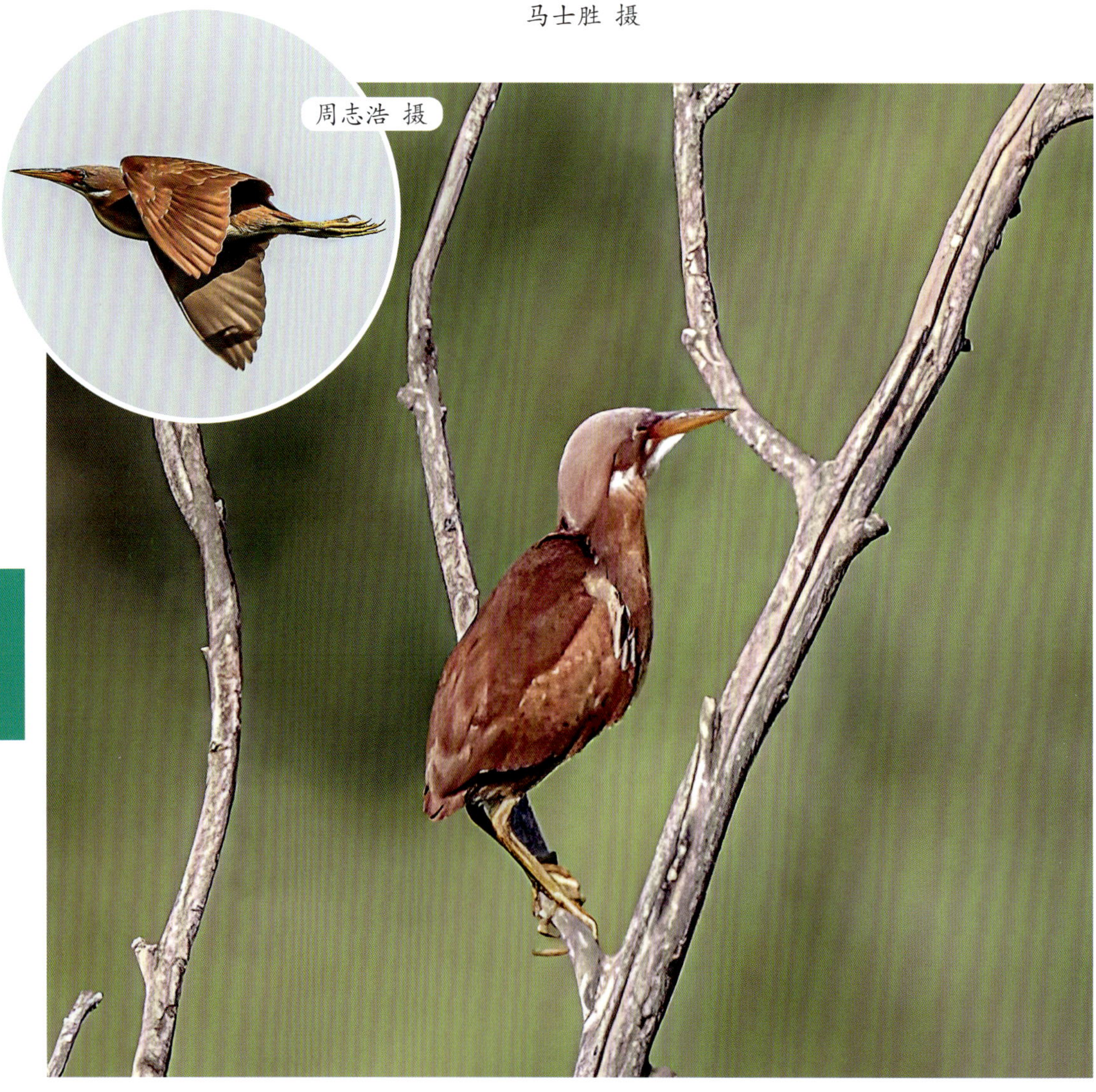

周志浩 摄

李福友 摄

刘云鹏 摄

80. 夜鹭
英文名 /Black-crowned Night-heron　　学名 /*Nycticorax nycticorax*

体长： 58～65 cm

保护级别： 三有 / 无危（LC）

居留型： 夏候鸟

野外识别特征： 体型中等、蓝白色的鹭。成鸟：喙为黑色，具有白眉，顶冠黑色，颈部和胸部白色，枕部有白色饰羽，背黑色，两翼和尾部灰色。亚成体：喙为黄色，具褐色纵纹和点斑。

生态习性： 以动物性食物为主。栖于平原和低山丘陵地区的溪流、水塘、江河、沼泽和水田地附近的大树上。

81.绿鹭
英文名 /Green-backed Heron　　学名 /*Butorides striata*

体长：35～48 cm

保护级别：三有 / 无危（LC）

居留型：旅鸟

野外识别特征：体型较小、深灰色的鹭。成鸟：体色呈现为绿色，顶冠、冠羽为黑色，并具绿色光泽，腹部粉灰，颏部白色。亚成体：体色暗绿，具棕色纵纹。

生态习性：以动物性食物为主。栖于池塘、溪流、稻田及近海海边。

李强 摄

李福友 摄

尚帅 摄

82. 池鹭
英文名 /Chinese Pond Heron
学名 /*Ardeola bacchus*

体长：40～50 cm

保护级别：三有 / 无危（LC）

居留型：夏候鸟

野外识别特征：体型较小、褐色纵纹的鹭。繁殖羽：喙黄色、颈深栗色，胸部红褐色。冬羽：站体色为绛紫色。

生态习性：以动物性食物为主。栖于稻田、池塘、湖泊、水库和沼泽湿地等水域。

鹳形目

83. 牛背鹭
英文名 /Cattle Egret
学名 /*Bubulcus coromandus*

体长：45～55 cm

保护级别：三有 / 无危（LC）

居留型：夏候鸟

野外识别特征：体型较小、白色的鹭。繁殖羽：体白，头部、颈部、胸部橙色。非繁殖羽：体白，喙全黄。

生态习性：以动物性食物为主。栖于耕地、沼泽、水田、池塘等。

李福友 摄

张廷芳 摄

李福友 摄

84. 苍鹭
英文名 /Grey Heron　　**学名** /*Ardea cinerea*

体长：80～110 cm

保护级别：三有 / 无危（LC）

居留型：夏候鸟

野外识别特征：体型较大的白、灰色鹭。成鸟：具黑色贯眼纹和羽冠，飞羽、翼角以及两道胸斑为黑色，头、颈、胸和背部为白色。幼鸟：头、颈灰色较重，头部无黑色。

生态习性：以动物性食物为主。栖于江河、溪流、湖泊、沼泽、水库、鱼塘、海岸等浅水区域。

鹳形目

李福友 摄

85. 草鹭
英文名 /Purple Heron
学名 /*Ardea purpurea*

体长：80～110 cm

保护级别：三有 / 无危（LC）

居留型：夏候鸟

野外识别特征：体型较大、栗色的鹭。顶冠及冠羽呈黑色，颈侧具黑色纵纹。背部和翼覆羽灰色，飞羽黑色，其余体羽红褐色。

生态习性：以动物性食物为主。栖于开阔平原和低山丘陵地带的湖泊、河流、沼泽、水库和水塘岸边及其浅水处。

马士胜 摄

86. 大白鹭
英文名 /Great Egret
学名 /*Andea alba*

体长：90～100 cm
保护级别：三有 / 无危（LC）
居留型：夏候鸟
野外识别特征：体型较大、白色的鹭。喙较厚重，颈部具特别的扭结。繁殖羽：眼先蓝绿色，颈部、胸部具丝状饰羽，喙黑色。非繁殖羽：眼先皮肤黄色，喙黄色且尖端通常色深。
生态习性：杂食性鸟类。栖于开阔平原和山地丘陵地区的河流、湖泊、水田、海滨、河口及其沼泽地带。

刘云鹏 摄

鹈形目

87. 中白鹭
英文名 /Intermediate Egret
学名 /*Ardea intermedia*

体长：60～70 cm

保护级别：三有 / 无危（LC）

居留型：夏候鸟

野外识别特征：体型较大、白色的鹭。虹膜黄色，喙黄色而尖端通常为褐色，跗跖和腿部黑色，大小介于白鹭和大白鹭之间，喙相对较短，颈部呈"S"形，无扭结。繁殖羽背、胸部有松软的丝状长饰羽，喙和腿部短期内呈粉红色，眼先裸露皮肤灰色。

生态习性：杂食性鸟类。栖于河流、沼泽、河口、海边和水塘岸边浅水处及河滩等区域。

梁向明 摄

孟向东 摄

马士胜 摄

李福友 摄

88. 白鹭
英文名 /Little Egret **学名** /*Egretta garzetta*

体长：54～68 cm

保护级别：三有 / 无危（LC）

居留型：夏候鸟

野外识别特征：体型中等、白色的鹭。喙和跗跖黑色，趾黄色，繁殖羽纯白，枕部具细长饰羽，背、胸部具蓑状羽。虹膜黄色，眼先裸露皮肤黄绿色，繁殖季节为淡粉色。

生态习性：杂食性鸟类。栖于沿海低海拔地区的湖泊、海岸、海湾、河口及水稻田和沼泽地带。

鹈形目

尚帅 摄　　周志浩 摄

89. 黄嘴白鹭
英文名 /Chinese Egret
学名 /*Egretta eulophotes*

体长：58～70 cm

保护级别：国家一级/易危（VU）

居留型：夏候鸟

野外识别特征：体型中等、白色的鹭。虹膜黄褐色，喙黑且下喙基部黄色，跗跖黄绿至蓝绿色。繁殖羽喙黄色，跗跖黑色，眼先裸露皮肤蓝色。

生态习性：以动物性食物为主。栖于滨海湿地、河口等区域。

90. 卷羽鹈鹕
英文名 /Dalmatian Pelican
学名 /*Pelecanus crispus*

体长：160～183 cm

保护级别：国家一级 / 近危（NT）

居留型：旅鸟

野外识别特征：体型较大的鹈鹕。眼周裸露皮肤粉红色，上喙灰色，下喙粉红色，体羽灰白色，眼浅黄色，喉囊橙色或黄色。翼下白色，仅飞羽羽端黑色。枕部具卷曲的冠羽。

生态习性：以动物性食物为主。迁徙过程中，常栖于滨海湿地、河口等海域。

周志浩 摄

鹈形目

鲣鸟目

91. 海鸬鹚
英文名 /Pelagic Cormorant　学名 /*Phalacrocorax pelagicus*

体长：63 ～ 80 cm

保护级别：国家二级 / 无危（LC）

居留型：旅鸟

野外识别特征：体型中等的鸬鹚。整体呈亮黑色，脸部红色，脸部红色未及额部，但脸颊部分红色较多，幼鸟及非繁殖羽脸部粉灰色，体型略小。

生态习性：杂食性鸟类。栖于海岸、河口地带。

马士胜 摄

92. 普通鸬鹚
英文名 /Great Cormorant
学名 /*Phalacrocorax carbo*

体长：77～94 cm

保护级别：三有 / 无危（LC）

居留型：旅鸟

野外识别特征：体型较大的鸬鹚。整体呈亮黑色，喙部厚重呈黑色，脸颊和喉部白色，虹膜呈蓝色，喉部露皮肤黄色。

生态习性：以动物性食物为主。集大群栖于河流、池塘、水库、河口及滨海湿地。

刘云鹏 摄

李福友 摄

93. 绿背鸬鹚
英文名 /Japanese Cormorant   学名 /*Phalacrocorax capillatus*

体长：81～92 cm

保护级别：三有 / 无危（LC）

居留型：旅鸟

野外识别特征：体型较大的鸬鹚。整体呈黑色，似普通鸬鹚，但两翼和背部泛偏绿色光泽，颊、喉白色。喙基裸露皮肤黄色。

生态习性：以动物性食物为主。栖于海上环境。

马士胜 摄

鲣鸟目

鸻形目

94. 黄脚三趾鹑
英文名 /Yellow-legged Buttonquail　学名 /*Turnix tanki*

体长：14～18 cm
保护级别：三有 / 无危（LC）
居留型：夏候鸟
野外识别特征：体型小、棕褐色的三趾鹑。上体灰褐色，具黑或棕色细小斑纹，胸侧和两胁具明显的黑色圆形斑点，飞行时浅皮黄色翼覆羽与深褐色飞羽对比明显。
生态习性：杂食性鸟类。栖于灌丛、草地、沼泽和稻田。

李在军 摄

95. 蛎鹬
英文名 /Eurasian Oystercatcher
学名 /*Haematopus ostralegus*

体长：40～48 cm
保护级别：三有/近危（NT）
居留型：夏候鸟
野外识别特征：体型中等、黑白色的鹬。喙红色且长而直，虹膜红色，头、颈、上胸、上背和肩黑，背部下方和尾上覆羽白色，下体余部白色，跗跖粉红色。飞翔时，翼上黑色具白色宽带，翼下白色具黑色后翼缘。
生态习性：以肉食性食物为主。栖于海岸滩涂、河口、沙洲及湖泊等湿地。

刘云鹏 摄

时银川 摄

李福友 摄

鸻形目

96. 反嘴鹬
英文名 /Pied Avocet　　学名 /Recurvirostra avosetta

体长：40～45 cm

保护级别：三有 / 无危（LC）

居留型：留鸟

野外识别特征：高挑黑白色的鹬。喙黑色且细长而显著上翘，体色白，眼下至后颈具黑色帽状斑，两翼白色但具黑色翼上横纹和肩部条纹，跗跖灰色且高挑。飞行时背面黑白相间，腹面全白但翼尖黑色。

生态习性：以动物性食物为主。栖息于湖泊、沼泽等湿地，亦见于海滩和河口。

97. 黑翅长脚鹬
英文名 /Black-winged Stilt
学名 /Himantopus himantopus

体长：35～40 cm

保护级别：三有 / 无危（LC）

居留型：夏候鸟

野外识别特征：细长黑白色鹬。身体高挑、修长，喙黑色且细而尖，虹膜红色，跗跖红色且细长。雄鸟：头顶至后颈、肩、背及两翼黑色，下体白色。雌鸟：似雄鸟，但头颈背为白色。幼鸟体色偏褐，头颈部后方偏灰。

生态习性：以动物性食物为主。栖于开阔草地中的湖泊、沼泽等湿地或稻田、鱼塘。

98. 凤头麦鸡
英文名 /Northern Lapwing
学名 /*Vanellus vanellus*

体长：29～34 cm

保护级别：三有 / 近危（NT）

居留型：旅鸟

野外识别特征：体型较大的黑白色麦鸡。雄鸟：黑色羽冠长而向前翻，夏羽头枕部黑褐色，脸白色而眼下黑色，上体暗绿带金属光泽，下体颈侧白色，腹部白色，跗跖暗红色。雌鸟：似雄鸟，但羽冠较短，喉及前颈白色，胸无黑带。

生态习性：以动物性食物为主。栖于耕地、稻田和矮草地。

杨秀峰 摄

99. 灰头麦鸡
英文名 /Grey-headed Lapwing
学名 /*Vanellus cinereus*

体长：32～36 cm

保护级别：三有 / 无危（LC）

居留型：夏候鸟

野外识别特征：体型较大、灰色的麦鸡。喙黄但尖端黑，眼红色。夏羽：头、胸特征性灰色，体背褐色，两翼尖端及尾部具黑色横斑，胸下具黑色斑，其余下体白色。冬羽：除头胸褐色，胸部黑斑不清晰，其他似夏羽。未成年鸟似成鸟，但体羽偏褐色且无黑色胸带。

生态习性：杂食性鸟类。栖于近水的开阔地带、河滩、稻田和沼泽。

100. 欧金鸻
英文名 /European Golden Plover　学名 /*Pluvialis apricaria*

体长：26～29 cm
保护级别：三有 / 无危（LC）
居留型：旅鸟
野外识别特征：体型中等的鸻。嘴黑色较短，体型粗壮，两翼更宽而短，停歇翼尖不伸出尾端。翼下和腋羽白色，下腹至尾下覆羽白色，翼上有明显白色带。跗跖灰色较短。
生态习性：杂食性鸟类。栖于沿海滩涂、沙滩、开阔草地。

周志浩 摄

101. 金鸻
英文名 /Pacific Golden Plover
学名 /Pluvialis fulva

体长：23～26 cm

保护级别：三有 / 无危（LC）

居留型：夏候鸟

野外识别特征：体型中等、敦实的鸻。喙黑色而直，虹膜暗褐色，额基棕白，向两侧与白色眉纹相连，上体黑褐色并满布金黄和浅棕白色斑点，下体色浅。雄鸟：繁殖羽脸、喉、胸部中央和腹部均为黑色，脸周和胸侧白色。雌鸟：下体亦有黑色，但不如雄鸟多。

生态习性：以动物性食物为主。栖于沿海滩涂、沙滩、开阔草地和机场。

孟向东 摄

周志浩 摄

尚帅 摄

102. 灰鸻
英文名 /Grey Plover
学名 /*Pluvialis squatarola*

体长：27～32 cm

保护级别：三有 / 无危（LC）

居留型：旅鸟

野外识别特征：中等体型、敦实的鸻。喙黑色且短而厚，虹膜褐色，眉纹灰白色；颏、喉白色，额偏白，头顶、背、腰浅黑褐至黑褐色，羽端白色，下喉、胸部密布浅褐色斑点和纵纹；下体偏白色，腋羽黑色与翼下覆羽白色对比鲜明。繁殖羽两颊、颏、喉及下体黑色，但上体偏银灰色、尾下覆羽白色。

生态习性：杂食性鸟类。栖于海滨、沼泽、水田等湿地之中。

凌天泽 摄

鸻形目

尚帅 摄　　周志浩 摄

103. 长嘴剑鸻
英文名 /Long-billed Plover　　学名 /*Charadrius placidus*

体长：18～24 cm

保护级别：三有 / 无危（LC）

居留型：旅鸟

野外识别特征：体型健壮的鸻。喙黑色细长，额白色，但额顶黑色且贯眼纹为褐色，眼后眉白，具白色颈环和黑色的胸环，上体灰褐色，下体白色，尾部长，翼斑白色且较粗，跗跖黄色。

生态习性：杂食性鸟类。栖于内陆水域附近的沼泽、河滩、田埂上。

104. 金眶鸻
英文名 /Little Ringed Plover   学名 /*Charadrius dubius*

体长： 15～18 cm

保护级别： 三有 / 无危（LC）

居留型： 夏候鸟

野外识别特征： 体型小而喙短的鸻。喙黑色且短，虹膜暗褐色但眼圈显著的金黄色，额白但额顶及贯眼黑，具有白色的颈环和黑色的胸环。上体灰褐色，下体白色，飞行时无白色翼斑。跗跖橙黄色。

生态习性： 以动物性食物为食。栖于沿海溪流、河流的沙洲，亦见于沼泽和沿海滩涂。

杨秀峰 摄

周志浩 摄

尚帅 摄

鸻形目

105. 环颈鸻
英文名 /Kentish Plover
学名 /*Charadrius alexandrinus*

体长：15～17 cm

保护级别：三有/无危（LC）

居留型：夏候鸟

野外识别特征：体型小而喙短的鸻。喙黑色且短。夏羽：额白色与眉相连，额顶黑色而枕部红褐色，胸部具黑色不闭合的半胸环，跗跖黑色或青绿色，飞行时两翼具白色翼斑，尾羽外侧更白。冬羽：具白眉，头顶转为褐色，半胸环也为褐色。

生态习性：以动物性食物为主。栖于湖泊、沼泽、草地和农田等地。

刘云鹏 摄

尚帅 摄

时银川 摄

周志浩 摄

106. 蒙古沙鸻
英文名 /Lesser Sand Plover
学名 /*Charadrius mongolus*

体长：11～28 cm
保护级别：三有 / 无危（LC）
居留型：旅鸟
野外识别特征：体型中等的鸻。喙黑色而短，夏羽头顶灰褐沾棕，前部具一黑色横带，连于两眼之间，雌鸟夏羽无黑色额顶，胸红色并延伸到胁部，胸上缘具黑边，跗跖暗灰绿色，飞行时白色翼斑较模糊。冬羽胸部红色、头部黑色消失，体色偏褐色，有白眉，胸侧有半胸环，其他与夏羽相似。
生态习性：以动物性食物为食。栖于海边沙滩、河口三角洲、水田和盐田。

鸻形目

107. 铁嘴沙鸻

英文名 /Greater Sand Plover
学名 /*Charadrius leschenaultii*

体长：22～25 cm

保护级别：三有 / 无危（LC）

居留型：旅鸟

野外识别特征：体型中等的鸻。夏羽喙黑色且长而厚，无白色颈环，胸部红色较窄且上缘无黑边，跗跖更长且偏黄色，飞翔时伸于尾外；冬羽有白眉，胸部的红色和头部的黑色消失，上体偏褐，下体纯白，其余似夏羽。

生态习性：杂食性鸟类。栖于沿海泥滩和沙滩，与其他涉禽尤其是蒙古沙鸻混群。

尚帅 摄

马士胜 摄

杨秀峰 摄

108. 东方鸻
英文名 /Oriental Plover
学名 /Charadrius veredus

体长：22～26 cm

保护级别：三有 / 无危（LC）

居留型：旅鸟

野外识别特征：体型中等的鸻。喙短而窄，脸部偏白无黑纹，头顶、背褐色，前颈棕色，冬羽胸部具棕色宽带，无胸带，上体全褐色，无翼斑。夏羽胸部橙色，后缘有黑色胸带。飞行时翼下及腋羽均为浅褐色。

生态习性：以动物性食物为主。栖于草地、河岸及沼泽地。

鸻形目

109. 彩鹬
英文名 /Greater painted-snipe　学名 /*Rostratula benghalensis*

体长：30～35 cm

保护级别：三有 / 无危（LC）

居留型：旅鸟

野外识别特征：体型较小的鹬。色彩艳丽，嘴细长黄色且尖端下弯。雌鸟：眼周具白色斑并后延，头颈部深栗色，胸黑色，上体灰褐色，背上具白色的"V"形纹并有白色条带绕肩和白色下体交会。雄鸟：似雌鸟但体小色暗，眼周黄色，背具黄色的横斑和两侧纵带，翼覆羽具金色点斑。

生态习性：杂食性鸟类。栖于沼泽型草地和稻田。

李俐 摄

梁向明 摄

鸻形目

110. 水雉
英文名 /Pheasant-tailed Jacana　　**学名** /*Hydrophasianus chirurgus*

体长：♂40～43 cm；♀34～36 cm

保护级别：国家二级 / 无危（LC）

居留型：夏候鸟

野外识别特征：体型较大、尾长的深褐色和白色水雉。黑色的贯眼纹延至颈侧，头、颈部前端均白色，顶冠、背部和胸上横斑灰褐色，颈部后端覆盖有鲜艳亮眼的金黄色羽毛，两翼白色但尖端黑褐色，背部、腹部及尾羽为棕褐色，尾羽像雉鸡一样是长尾羽。

生态习性：杂食性鸟类。栖于富有挺水植物和漂浮植物的淡水湖泊、池塘和沼泽地带。

周志浩 摄

111. 中杓鹬
英文名 /Whimbrel
学名 /Numenius phaeopus

体长：40 ～ 46 cm

保护级别：三有 / 无危（LC）

居留型：旅鸟

野外识别特征：体型中等的杓鹬。喙黑色且长而下弯，具黄色中央冠纹、黑色侧冠纹和黄白色眉纹，上体黑褐色并具黄白色斑纹，下体淡褐色，颈、胸具纵纹，胁具横斑。飞行时翼下布满细纹，腰和尾上覆羽都为白色。

生态习性：以动物性食物为主。栖于沿海泥滩、河口潮间带、滨海草地、沼泽和多石海滩。

112. 小杓鹬
英文名 /Little Curlew　学名 /*Numenius minutus*

体长：29～32 cm
保护级别：国家二级 / 无危（LC）
居留型：旅鸟
野外识别特征：体型较小的杓鹬。喙基部粉红端部黑且细长略下弯，具两侧黑色、中间黄色的头冠纹，皮黄色的粗重眉纹，上体黑褐色，颈胸具纵纹，胁具横纹，下体白。飞行时腰无白色，落地时两翼上举。
生态习性：杂食性鸟类。栖于湖边、沼泽、河岸及附近的草地和农田。

周志浩 摄

周志浩 摄

113. 白腰杓鹬
英文名 /Eurasian Curlew
学名 /*Numenius arquata*

体长：57～63 cm
保护级别：国家二级 / 近危（NT）
居留型：旅鸟 / 冬候鸟
野外识别特征：体型较大的杓鹬。喙褐色且特长而下弯，上体淡褐色具黑褐色纵纹，下体色淡且颈胸具黑褐色纵纹。与大杓鹬相比，腹部白色，飞行时翼下、上背和腰白色，尾部白色具褐色横纹。
生态习性：以动物性食物为主。栖于湖泊、河流岸边、沼泽、草地及农田地带。

114. 大杓鹬
英文名 /Far Eastern Curlew 学名 /*Numenius madagascariensis*

体长： 54～65 cm
保护级别： 国家二级 / 濒危（EN）
居留型： 旅鸟 / 冬候鸟
野外识别特征： 体型较大的杓鹬。喙黑基部粉红且特长而下弯。体茶褐色，下体红褐色，颈胸具黑褐色纵纹。与白腰杓鹬相比褐色更重，且飞翔时翼下布满横纹，腰红褐色，尾端具横斑。
生态习性： 以动物性食物为主。栖于河湾、湖泊、芦苇沼泽、水塘、湿地等。

尚帅 摄

张廷芳 摄

周志浩 摄

115. 斑尾塍鹬
英文名 /Bar-tailed Godwit
学名 /*Limosa lapponica*

体长： 37～41 cm

保护级别： 三有 / 近危（NT）

居留型： 旅鸟

野外识别特征： 体型较大的塍鹬。喙长且微上翘，具显著的白色眉纹，上体斑驳灰褐色，下体红色由头部延至腹部且胸部沾灰色。冬羽似夏羽，但下体白色，头颈部有黑色纵纹。飞行时，白色的腰部延伸至下背，白尾但端部具黑色横斑，翼斑狭窄而色浅。

生态习性： 以动物性食物为主。常见于海滩、河口及其附近沼泽地带。

116. 黑尾塍鹬
英文名 /Black-tailed Godwit　学名 /*Limosa limosa*

体长：37～42 cm
保护级别：三有 / 近危（NT）
居留型：旅鸟
野外识别特征：体型较大的塍鹬。喙长直不上翘且尖端黑色，贯眼纹黑色，头颈及上胸栗红色，上体杂斑少，胸、胁具黑褐色横斑，腹部白色，翼上白色横斑明显，腰部和尾基白色，但尾端部半部全黑。冬羽似夏羽，但头颈为褐色，胸、胁无白色横斑。
生态习性：以动物性食物为主。栖于沼泽、湿地、湖边和附近的草地、滨海湿地。

尚帅 摄

鸻形目

117. 翻石鹬
英文名 /Ruddy Turnstone　学名 /*Arenaria interpres*

体长：18 ~ 25 cm
保护级别：国家二级 / 无危（LC）
居留型：旅鸟
野外识别特征：体型中等的鹬。喙黑色且短，头白色具黑色纵斑，体背红褐色具黑白斑块，下体白色，头、胸部具黑色、棕色和白色组成的复杂图案，飞行时翼上具醒目的黑白色图案。跗跖皆短且呈鲜亮的橘黄色。
生态习性：杂食性鸟类。栖于潮间带、河口沼泽等湿地环境。

孟向东 摄

尚帅 摄

周志浩 摄

周志浩 摄

时银川 摄

118. 大滨鹬
英文名 /Great Knot　学名 /Calidris tenuirostris

体长：26～30 cm

保护级别：国家二级 / 濒危（EN）

居留型：旅鸟

野外识别特征：体型较大、近灰色的鹬。喙黑且长厚，头顶具褐色纵纹，上体灰褐并具模糊的纵纹和大型黑色点斑，肩和翼具栗红色斑纹，下体白色，胸部具密黑大斑，胁具散斑。冬羽似夏羽，上体灰但无栗红色，下体的大斑较稀散。飞翔时腰白。跗跖暗绿色。

生态习性：以动物性食物为主。栖于潮间滩涂和沙滩。

凌天泽 摄

119. 红腹滨鹬
英文名 /Red Knot　学名 /*Calidris canutus*

体长：23～25 cm

保护级别：三有 / 近危（NT）

居留型：旅鸟

野外识别特征：体型中等粗壮、偏灰色的鹬。喙黑色短厚，具浅色眉纹。上体灰色并具棕红、白色鳞状斑，颈、胸和两胁棕红色，腹部白色。冬羽上体灰褐色，下体近白色，颊至胸及胁具灰褐色纵纹。飞行时，翼具狭窄白色斑，腰具褐色横纹。

生态习性：杂食性鸟类。栖于沙滩、沿海滩涂及河口。

120. 流苏鹬
英文名 /Ruff　学名 /*Calidris pugnax*

体长：♂ 26～32 cm；♀ 22～26 cm
保护级别：三有 / 无危（LC）
居留型：旅鸟
野外识别特征：体型较大的鹬。两性异形。雄鸟：喙褐色基部黄色且短而直，头部显小，冬羽上体深褐色并具浅色鳞状斑，喉浅黄色而头颈皮黄，下体白色，两胁常略带横斑；夏羽棕色或部分白色，具有明显而蓬松的流苏状颈饰羽。雌鸟：明显小于雄鸟，上体黑具浅色羽缘，下体白色，胸及两胁具横斑。
生态习性：杂食性鸟类。栖于沼泽地带和沿海滩涂。

周志浩 摄

121. 阔嘴鹬
英文名 /Broad-billed Sandpiper 学名 /*Calidris falcinellus*

体长：15～18 cm

保护级别：国家二级 / 无危（LC）

居留型：旅鸟

野外识别特征：体型较小的鹬。喙黑色且粗而略下弯，两道白色眉纹显著，上体赤褐色具黑羽轴，白色羽缘形成"V"形白斑，下体白色，胸部具褐色细纹，腰部和尾部中心黑色、两侧白色。冬羽上体灰褐色，翼角具明显黑色斑块。跗跖短、绿褐色。

生态习性：杂食性鸟类。栖于潮湿的沿海泥滩、沙滩及沼泽地区。

周志浩 摄

122. 尖尾滨鹬
英文名 /Sharp-tailed Sandpiper　学名 /*Calidris acuminata*

体长：16～23 cm
保护级别：三有 / 无危（LC）
居留型：旅鸟
野外识别特征：体型较小、喙短的鹬。喙尖黑基部黄绿，头顶红棕，眉纹色浅，上体红褐具黑羽轴，下体白色，胸、胁具黑褐"V"形纵纹，尾部中心黑色、两侧白色。冬羽似夏羽但上体红褐色变淡，下体纵纹较细小。似长趾滨鹬冬羽，但体型更大、头顶棕色。
生态习性：杂食性鸟类。栖于沼泽、沿海滩涂、泥沼、湖泊和稻田。

尚帅 摄

刘云鹏 摄

李福友 摄

周志浩 摄

123. 弯嘴滨鹬
英文名 /Curlew Sandpiper　学名 /*Calidris ferruginea*

体长：18～23 cm

保护级别：三有 / 近危（NT）

居留型：旅鸟

野外识别特征：体型较小的鹬。喙黑且长而下弯，眉纹白色，通体栗红色，颏部白色，体背具黑色羽轴和白色羽缘，腰部白色明显，飞翔时，翼上横纹和尾上覆羽的横斑均白。冬羽栗红色消失，上体大部灰色无纵纹，下体白色，胸褐色具细纹。

生态习性：以动物性食物为主。栖于沿海滩涂和近海的稻田及鱼塘。

124. 青脚滨鹬
英文名 /Temminck's Stint　学名 /*Calidris temminckii*

体长：13～15 cm
保护级别：三有 / 无危（LC）
居留型：旅鸟
野外识别特征：体型小而敦实的灰色鹬。喙黑色，眼圈白色，头颈黄褐色具黑褐纵纹而胁部无纵纹，上体灰褐色具黄褐翼斑，下体白，外侧尾羽纯白色且落地极易见，跗跖偏绿或黄色且短，站姿较平。冬羽上体暗灰色具黑羽轴，胸部灰色，下体白色。停歇时翼尖不及尾端。
生态习性：以动物性食物为主。栖于沿海和内陆湖泊、河流、水塘、沼泽湿地和农田地带。

周志浩 摄

125. 长趾滨鹬
英文名 /Long-toed Stint 学名 /*Calidris subminuta*

体长：13～16 cm
保护级别：三有 / 无危（LC）
居留型：旅鸟
野外识别特征：体型小型、灰褐色的鹬。喙黑色且短，白色眉纹显著，头顶红褐具黑褐细纵纹，上体黑褐具红棕色羽缘，背具"V"形白斑，颈胸红褐具较细长的黑纵纹，下体白色，腰部、尾部中央深褐色，外侧尾羽浅褐色，跗跖绿黄色，飞翔时伸于尾外，站姿直。冬羽似夏羽，但上体较灰褐具红褐羽缘。
生态习性：以动物性食物为主。栖于沿海滩涂、小池塘和其他泥泞地区。

周志浩 摄

126. 勺嘴鹬
英文名 /Spoon-billed Sandpiper   学名 /*Calidris pygmaea*

体长： 14～16 cm
保护级别： 国家一级 / 极危（CR）
居留型： 旅鸟
野外识别特征： 体型小、灰褐色的鹬。特征性的勺状喙黑色，显著的白色眉纹，上体棕黑具棕红色纵纹，头颈胸棕色具黑斑点，下体白，胸侧具黄褐色纵纹，跗跖黑色且短。冬羽极似红胸滨鹬，但体羽灰色较浓，额、胸部较白。
生态习性： 以动物性食物为主。栖于滩涂、沼泽等湿地。

李俐 摄

鸻形目

周志浩 摄

127. 红颈滨鹬
英文名 /Red-necked Stint　学名 /*Calidris ruficollis*

体长：13～16 cm

保护级别：三有 / 近危（NT）

居留型：旅鸟

野外识别特征：体型小、灰褐色的鹬。喙黑粗短，眉纹白色，脸与上胸红褐色，头顶及后颈具黑褐色纵纹，上体红褐色具黑羽轴，下胸至尾下白色，跗跖黑色。冬羽似夏羽，但头顶具灰褐纵纹，喉及脸侧白，上体灰褐色具杂斑和纵纹，腰部、尾部中央深褐色，尾侧白色和下体白色。

生态习性：以动物性食物为主。栖于芦苇沼泽、海岸、湖滨和苔原地带。

128. 三趾滨鹬
英文名 /Sanderling　学名 /*Calidris alba*

体长：19～21 cm
保护级别：三有 / 无危（LC）
居留型：旅鸟
野外识别特征：体型小、偏灰色的鹬。喙黑且粗短，头颈及上体赤褐色具黑色细纵纹，翼角具黑斑，下体白色，胸棕红色具黑细纵纹，跗跖黑色，无后趾，仅三趾。冬羽似夏羽，但上体灰白，具淡灰羽轴及白羽缘。无后趾为其重要特征。
生态习性：杂食性鸟类。栖于海岸、河口沙洲以及海边沼泽地带。

凌天泽 摄

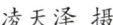

鸻形目

李福友 摄

凌天泽 摄

129. 黑腹滨鹬
英文名 /Dunlin
学名 /Calidris alpina

体长：16～22 cm

保护级别：三有 / 近危（NT）

居留型：旅鸟

野外识别特征：体型小、喙长短适中的偏灰色鹬。喙黑且端部略往下弯，白色眉纹，上体赤褐色具黑羽轴，下体白色，颊胸具黑褐纵纹，胸腹中央黑色大斑块，尾中央黑色而两侧白色，跗跖较短粗。冬羽似夏羽，但上体淡灰褐色，下体白无黑斑，胸具细纵纹。

生态习性：以动物性食物为主。栖于湖泊、河流、水塘、河口等水域岸边和附近沼泽与草地上。

130. 小滨鹬
英文名 /Little Stint 学名 /*Calidris minuta*

体长：14～15 cm

保护级别：三有 / 无危（LC）

居留型：旅鸟

野外识别特征：体型小、偏灰色的滨鹬。喙短而粗，眉纹白色，暗色贯眼纹模糊，颏、喉白色，上体栗色，翕部具乳白色"V"形斑，上胸侧沾灰色，胸部多深色点斑，下体白色，跗跖深灰色。

生态习性：以动物性食物为主。栖于开阔平原地带的河流、湖泊、水塘、沼泽等水边和邻近湿地。

周志浩 摄

鸻形目

131. 半蹼鹬
英文名 /Asian Dowitcher
学名 /*Limnodromus semipalmatus*

体长：33～36 cm

保护级别：国家二级 / 近危（NT）

居留型：旅鸟

野外识别特征：体型较大、灰色的鹬。喙全黑长直且端部显膨胀，头顶及后颈具黑色细纵纹，背部灰色，下背和腰具黑色细横纹，下体色浅，胸胁黄褐色具淡色斑纹。飞翔时，下背到尾白具黑褐横斑。跗跖黑色。

生态习性：以动物性食物为主。栖于沿海滩涂。

周志浩 摄

李福友 摄

132. 丘鹬
英文名 /Eurasian Woodcock　学名 /*Scolopax rusticola*

体长：33～38 cm

保护级别：三有 / 无危（LC）

居留型：旅鸟

野外识别特征：体型较大且丰满的鹬。喙长而直，额及脸部淡灰，头顶及后颈具 4 条褐灰相间的横纹，跗跖短。体粗胖，上体红褐且具黑白斑和灰白纵纹，下体淡黄满布黑褐色细横纹，起飞时两翼较宽，振翅"嗖嗖"作响，于树冠高度起飞时喙向下。

生态习性：杂食性鸟类。栖于林间沼泽、湿草地和林缘灌丛地带。

李在军 摄

鸻形目

133. 针尾沙锥
英文名 /Pintail Snipe　学名 /*Gallinago stenura*

体长：24 ～ 27 cm
保护级别：三有 / 无危（LC）
居留型：旅鸟
野外识别特征：体型小的沙锥。喙端黑基褐色且短而钝，贯眼纹色暗较白色眉纹窄，上体褐色具黑白色纵纹及斑纹，下体白色具黑褐色横斑。飞翔时，无白色后翼缘，翼下无白色宽斑，外侧尾羽呈针状，跗跖黄色且伸出尾后更多。
生态习性：以动物性食物为主。常栖于沼泽、稻田、草地。

马士胜 摄

134. 扇尾沙锥
英文名 /Common Snipe　学名 /*Gallinago gallinago*

体长：24～29 cm

保护级别：三有 / 无危（LC）

居留型：旅鸟

野外识别特征：体型中等的沙锥。喙端黑基褐且粗长直，皮黄色眉纹和浅色脸颊对比明显，上体深褐色具黑白色细纹且具黄色纵肩带，两翼细而尖且羽缘黄色，下体胸黄褐色具纵纹，胁具横斑，腹白色。飞翔时，翼下具白色宽斑，肩羽边缘浅色且宽于内缘，尾宽阔端部白，外侧尾羽扇形。跗跖橄榄色。

生态习性：以动物性食物为主。栖于沼泽、稻田、河流、芦苇塘。

周志浩 摄

135. 红颈瓣蹼鹬
英文名 /Red-necked Phalarope　学名 /*Phalaropus lobatus*

体长：16～20 cm
保护级别：三有 / 无危（LC）
居留型：旅鸟
野外识别特征：体型较小、灰白色的鹬。喙黑色细长，顶冠和眼周黑色，棕色眉纹至颈形成围兜，颏喉部白色，前颈栗红色，背、肩部有4条橙黄色纵带，胸胁灰色，下体白。冬羽似夏羽，但眼后有条状黑斑，上体灰色具白色羽缘，额、颊、颈及下体白色。跗跖黑色，趾具瓣蹼。
生态习性：以动物性食物为主。栖于淡水湖泊和水塘岸边及沼泽地上。

周志浩 摄

136. 翘嘴鹬
英文名 /Terek Sandpiper
学名 /Xenus cinereus

体长：22～25 cm

保护级别：三有 / 无危（LC）

居留型：旅鸟

野外识别特征：体型中等而敦实、灰色的鹬。喙尖黑基黄且长而上翘，眉纹短白色，眉眼后模糊，上体灰色，肩部具显著黑色条带，下体白色，颈胸具褐色纵纹，飞行时狭窄白色翼裾清晰可见。跗跖黄色且短。冬羽似夏羽，但肩部黑色条带消失，颈胸侧纵纹不清晰。

生态习性：以动物性食物为主。栖于河流湖泊、水塘、河口沙滩和泥地上。

鸻形目

137. 矶鹬
英文名 /Common Sandpiper　学名 /*Actitis hypoleucos*

体长：16～22 cm
保护级别：三有 / 无危（LC）
居留型：旅鸟
野外识别特征：体型较小、褐色、白色的鹬。喙深灰且短，白色眉纹，黑色贯眼纹，头和上体褐色具黑斑纹，下体白色，翼角具特征性显著白斑，飞羽偏黑色，翼尖不及尾端。飞行时白色翼斑可见，腰无白色，外侧尾羽无白斑，翼下具黑色和白色横纹。跗跖短，橄榄绿色。
生态习性：以动物性食物为主。栖于低山丘陵至山脚平原的江河、湖泊、水库等沿岸。

周志浩 摄

138. 白腰草鹬
英文名 /Green Sandpiper   学名 /*Tringa ochropus*

体长：21～24 cm
保护级别：三有 / 无危（LC）
居留型：旅鸟
野外识别特征：体型中等、敦实的深绿褐色鹬。喙暗绿，眼先白纹短并与白色眼圈相连，上体绿褐且羽缘具极细白色斑点，下体白色，颈胸具黑褐纵纹，两翼和背部下方近乎全黑，尾部白色而尾端具黑色横斑，飞行时翼下黑褐具白细纹，白色腰部和尾部横斑极明显。跗跖短，暗绿色。
生态习性：杂食性鸟类。栖于海滩、河口、沼泽乃至农田等地。

杨秀峰 摄

鸻形目

139. 灰尾漂鹬
英文名 /Grey-tailed Tattler
学名 /*Tringa brevipes*

体长：23～28 cm

保护级别：三有 / 近危（NT）

居留型：旅鸟

野外识别特征：体型中等、敦实的暗灰色鹬。喙黑且粗直，白色眉纹而贯眼纹黑色，明黄色跗跖短。颈部白具灰色细纹，上体全灰色微缀褐色，胸胁白色具灰色横斑，腹部白色。冬羽无横斑而颈胸部浅灰色。飞行时可见翼下色深。

生态习性：以动物性食物为主。常栖于多岩沙滩、沙滩或卵石。

周志浩 摄

尚帅 摄

140. 鹤鹬
英文名 /Spotted Redshank
学名 /*Tringa erythropus*

体长：26～33 cm

保护级别：三有 / 无危（LC）

居留型：旅鸟

野外识别特征：体型中等、跗跖红色的灰色鹬。喙黑下喙基红且细长，眼圈白而醒目，贯眼纹较长，体羽黑色，体背羽缘白色呈黑白斑驳新月状，胁具白鳞斑，跗跖红色且长，飞翔时伸出尾后较长。冬羽似夏羽，但具粗白眉，体背灰褐色，下体胸侧基胁具横纹，腹白色。

生态习性：以动物性食物为主。栖于鱼塘、滩涂和沼泽。

李福友 摄

鸻形目

141. 青脚鹬
英文名 /Common Greenshank
学名 /*Tringa nebularia*

尚帅 摄

体长：30 ~ 35 cm

保护级别：三有 / 无危（LC）

居留型：旅鸟

野外识别特征：体型中等、偏灰色的鹬。喙灰色端黑且长而粗并略向上翘，上体灰褐色具杂斑，翼尖和尾部横斑近黑色，下体白色，喉、胸和两胁具褐色纵纹，跗跖近绿色且仅两趾连蹼，飞翔时伸出尾端甚长，背部白色长条于飞行时尤为明显。

生态习性：以动物性食物为主。栖于沿海和内陆的沼泽及大河的泥滩。

王景元 摄

尚帅 摄

鸻形目

142. 红脚鹬
英文名 /Common Redshank　学名 /*Tringa totanus*

体长：26～29 cm
保护级别：三有 / 无危（LC）
居留型：旅鸟
野外识别特征：体型中等的鹬。喙端黑基红且较长，上体褐灰色具细密黑色羽轴斑，下体白色，胸部具褐色纵纹，跗跖橙红色。飞翔时，腰部白色明显，次级飞羽具明显白色后缘，尾上具黑白色细斑。
生态习性：以动物性食物为主。常栖于泥滩、海滩、盐田、干涸沼泽、鱼塘，偶尔见于内陆。

143. 林鹬
英文名 /Wood Sandpiper   **学名** /*Tringa glareola*

体长：19～23 cm
保护级别：三有 / 无危（LC）
居留型：旅鸟
野外识别特征：体型中等、纤细的褐灰色鹬。喙黑色基部青绿，白色眉纹长，黑色贯眼纹，上体黑褐色具密白点斑，下体胸白色具黑色细纵纹，腰腹部白色，尾部白色并具褐色横斑，跗跖黄色且长。飞行时可见尾部横斑、白色腰部和翼下无翼斑且跗跖伸出尾端。
生态习性：以动物性食物为主。栖于沿海滩涂生境，但也出现在内陆的淡水沼泽。

周志浩 摄

144. 泽鹬
英文名 /Marsh Sandpiper　　学名 /*Tringa stagnatilis*

体长：22～26 cm
保护级别：三有 / 无危（LC）
居留型：旅鸟
野外识别特征：中等体型、纤细的鹬。喙黑色细长而直，额部白色，眉纹较浅，上体灰褐色具黑斑，腰部和背部下方白色，下体白色，跗跖偏绿且细长，飞翔时伸出尾外。
生态习性：以动物性食物为主。栖于湖泊、盐田、沼泽、池塘，偶至沿海滩涂。

尚帅 摄

鸻形目

145. 小青脚鹬
英文名 /Spotted Greenshank　学名 /*Tringa guttifer*

体长： 29～32 cm

保护级别： 国家一级 / 濒危（EN）

居留型： 旅鸟

野外识别特征： 体型中等、灰色的鹬。喙端黑基黄且更粗厚并上翘，颈部较短而厚，上体色较浅且鳞状纹较多、细纹较少，尾部横纹色较浅，跗跖黄绿色较短且三趾间连蹼，飞行时伸出尾端较短，尾羽端部黑褐色横斑醒目。

生态习性： 以动物性食物为主。栖于沿海滩涂。

信誉 摄

刘云鹏 摄

146. 普通燕鸻
英文名 /Oriental Pratincole　学名 /*Glareola maldivarum*

体长：23～28 cm

保护级别：三有 / 无危（LC）

居留型：夏候鸟

野外识别特征：体型中等的燕鸻。喙黑但基部猩红色，喉黄色并具明显黑色边缘，上体茶褐色，翼长且尖端黑色，下体胸黄褐色，腹部白色。飞行时，翼下覆羽红褐色，腰白色，叉形尾端部黑色而外缘白色。

生态习性：以动物性食物为主。栖于开阔地、沼泽和稻田。

147. 棕头鸥
英文名 /Brown-headed Gull
学名 /*Chroicocephalus brunnicephalus*

体长：41～45 cm

保护级别：三有 / 无危（LC）

居留型：夏候鸟

野外识别特征：体型中等白色的鸥。喙深红色且较厚，头、颈部褐色，虹膜色浅，背部灰色，黑色翼尖具白色点斑为鉴别特征，下体白色。冬羽头颈白色，眼后具深褐色块斑。跗跖朱红色。第一冬鸟似成鸟冬羽，但翼尖无白色点斑、尾端具黑色横带。

生态习性：以动物性食物为主。栖于海上、沿海及河口地区。

周志浩 摄

戴菲 摄

148. 红嘴鸥
英文名 /Black-headed Gull
学名 /*Chroicocephalus ridibundus*

体长：36～42 cm

保护级别：三有/无危（LC）

居留型：夏候鸟

野外识别特征：体型中等、灰、白色的鸥。喙暗红且较细长，虹膜深色，眼周具白色半月形斑，头及颈上部巧克力色，肩背灰色，体羽白色，前翼缘白色，翼尖黑色不长且无白色点斑。冬羽头颈白色，眼后具黑色点斑。跗跖红色。

生态习性：以动物性食物为主。栖于海上、沿海及河口地区。

鸻形目

周志浩 摄

149. 黑嘴鸥
英文名 /Saunders's Gull
学名 /*Saundersilarus saundersi*

体长：30～33 cm
保护级别：国家一级 / 易危（VU）
居留型：夏候鸟
野外识别特征：体型较小的鸥。喙黑色且粗短，头部黑色延至颈后，白色眼圈醒目，初级飞羽合拢时呈斑马样黑白图纹，白色后翼缘清晰可见，翼下初级飞羽外侧黑色，跗跖深红色。冬羽似夏羽，但头部白色，头顶具淡褐色斑，眼后具黑色点斑。亚成鸟似冬羽，但初级飞羽具黑色的端斑和羽缘，尾端具细黑带。
生态习性：以动物性食物为主。栖于近海、滩涂等湿地。

150. 遗鸥
英文名 /Relict Gull
学名 /Ichthyaetus relictus

体长： 38～46 cm

保护级别： 国家一级 / 易危（VU）

居留型： 冬候鸟

野外识别特征： 体型中等的鸥。喙暗红尖端黑，头黑褐而眼睑白色较宽，飞行时黑色翼尖的白斑较大，两翼合拢时翼尖具数个白点，跗跖暗红色。冬羽似夏羽，但头白色，喙竹青色端部黑，后颈具细密褐纹，眼后无黑斑。亚成鸟喙、翼尖和尾端横带均为黑色，颈部和两翼具褐色杂斑。

生态习性： 动物性食物为主。栖于开阔平原和荒漠与半荒漠地带的咸水或淡水湖泊中。

周志浩 摄

孟向东 摄

鸻形目

151. 渔鸥
英文名 /Pallas's Gull   学名 /*Ichthyaetus ichthyaetus*

体长： 60～72 cm

保护级别： 三有 / 无危（LC）

居留型： 夏候鸟

野外识别特征： 体型较大的鸥。喙黄色具黑色次端斑且粗大，头部黑色，眼周白色，肩背部灰色，余部白色，跗跖绿黄色。冬羽似夏羽，但头白，眼周具暗斑，头顶具深色纵纹。飞行时可见翼下全白，仅翼尖有小块黑色并具两个翼斑。亚成头部白色，头、翕部具灰色杂斑，喙黄而端黑，尾端黑色。

生态习性： 以动物性食物为主。栖于三角洲、内陆海域及平原湖泊。

周志浩 摄

戴菲 摄

刘云鹏 摄

152. 黑尾鸥
英文名 /Black-tailed Gull 学名 /*Larus crassirostris*

体长：44～48 cm

保护级别：三有 / 无危（LC）

居留型：冬候鸟

野外识别特征：体型中等的鸥。喙黄色，尖端红色继以黑色环带，上体体背及翼深灰色，两翼长而窄，下体白，尾部白色具黑色次端宽条带，跗跖绿黄色。冬羽似夏羽，但头顶及颈背具褐色点斑。

生态习性：以动物性食物为主。栖于海岸附近的沙滩、草地、悬崖及湖泊等地。

153. 普通海鸥
英文名 /Mew Gull　学名 /*Larus canus*

体长：40～50 cm

保护级别：三有 / 无危（LC）

居留型：冬候鸟

野外识别特征：体型中等的鸥。喙绿黄色且细短，眼黑色，头形圆小，上体肩背及翼灰色，头颈及下体白色，跗跖绿黄色，飞翔时初级飞羽黑并具白色点斑。冬羽似夏羽，但头、颈部散布褐色细纹。亚成鸟喙淡红尖黑，颈侧具浓密褐色纵纹，尾部具黑色次端条带，跗趾淡红。

生态习性：以动物性食物为主。栖于海岸、河口和港湾。

周志浩 摄

周志浩 摄

154. 北极鸥
英文名 /Glaucous Gull
学名 /*Larus hyperboreus*

体长：64～77 cm

保护级别：三有 / 无危（LC）

居留型：冬候鸟

野外识别特征：体型较大的鸥。喙黄色并下喙先端具红点，头颈、腰、尾和下体白色，背部浅灰色较淡，两翼偏白，跗跖粉红。冬羽似夏羽，头颈和背具褐色纵纹。第一冬鸟具浅咖啡色，并逐年变淡，喙粉红色并具深色喙端。

生态习性：杂食性鸟类。主要栖于海岸、滨海湿地等区域。

鸽形目

155. 西伯利亚银鸥
英文名 /Vega Gull
学名 /Larus vegae

体长：55～67 cm

保护级别：三有 / 无危（LC）

居留型：冬候鸟

野外识别特征：体型较大、灰色的鸥。喙黄色并下嘴端具红点，冬羽头颈及背具深色纵纹，有时延至胸部，上体羽色变化大但均具蓝色光泽，下体白色，跗跖粉红。三级飞羽和肩羽具宽阔白色月牙状斑，双翼合拢时可见5个相等的明显白色翼尖。亚成黑褐色，体具黑褐色斑点或羽缘。

生态习性：以动物性食物为主。松散群栖，沿海和内陆水域均有分布。

时银川 摄

凌天泽 摄

孟向东 摄

鸽形目

156. 小黑背银鸥
英文名 /Lesser Black-backed Gull　　**学名** /*Larus fuscus*

体长：51～64 cm

保护级别：三有 / 数据缺乏（DD）

居留型：冬候鸟

野外识别特征：体型较大的鸥。喙黄色并下喙具红色斑点且向下弯曲，眼黄色具红色眼环，上体深灰至黑色，头颈、背部具有较明显的斑纹，翼长而窄且尖端白色镜状斑较小，跗跖黄色。亚成鸟上体呈鳞状黑褐色，经过4～5年才能达到成鸟的羽毛颜色。

生态习性：杂食性鸟类。栖息于广泛的沿海和内陆水域，包括开阔海域，偏好沙滩和平原。

157. 鸥嘴噪鸥
英文名 /Common Gull-billed Tern
学名 /*Gelochelidon nilotica*

体长：33～43 cm

保护级别：三有 / 无危（LC）

居留型：夏候鸟

野外识别特征：体型中等、浅色的燕鸥。喙黑色且粗短，头顶全黑，背灰色，余部白色，尾部狭尖而分叉，跗跖黑色。冬羽似夏羽，但头部白色，眼后具黑斑，上体灰色，颈背具灰色杂斑，下体白色。幼鸟顶冠和上体具褐色杂斑。

生态习性：以动物性食物为主。繁殖期主要栖于内陆淡水或咸水湖泊、河流与沼泽地带。非繁殖期主要栖息于海岸及河口地区。

周志浩 摄

周志浩 摄

158. 红嘴巨燕鸥
英文名 /Caspian Tern　学名 /*Hydroprogne caspia*

体长：48～55 cm

保护级别：三有 / 无危（LC）

居留型：旅鸟

野外识别特征：体型较大的燕鸥。喙红色尖端黑且粗大，头顶黑色，背灰白色，下体白色，翼下初级飞羽黑色，跗跖黑色。冬羽似夏羽，但头顶白色并具黑色纵纹。幼鸟上体具褐色横斑。

生态习性：以动物性食物为主。栖于沿海、湖泊、河口等区域。

159. 白额燕鸥
英文名 /Little Tern   学名 /*Sternula albifrons*

体长：20～28 cm

保护级别：三有 / 无危（LC）

居留型：夏候鸟

野外识别特征：体型较小、浅色的燕鸥。喙黄色尖端黑，额部白色，顶冠、颈背和贯眼纹黑色，余部白色，尾略分叉，跗跖黄色。冬羽似夏羽，但头顶黑色变淡变窄，前翼缘黑色，后翼缘白色。

生态习性：以动物性食物为主。栖于海边沙滩，与其他燕鸥混群。

周志浩 摄

李福友 摄

凌天泽 摄

鸽形目

160. 普通燕鸥
英文名 /Common Tern　　**学名** /*Sterna hirundo*

体长： 31～38 cm

保护级别： 三有 / 无危（LC）

居留型： 夏候鸟

野外识别特征： 顶冠黑色的燕鸥。喙黑基部红，头顶黑色，背蓝灰色，初级飞羽黑色，胸部灰色，下体白，尾呈深叉形，停歇时尾与翼等长，跗跖偏红色。冬羽喙全黑色，额部白色，头顶具黑白色杂斑，颈背最黑，下体白色。亚成鸟上体偏褐色且上背具鳞状斑。

生态习性： 以动物性食物为主。栖于湖泊、河流、水塘和沼泽地带。

161. 灰翅浮鸥
英文名 /Whiskered Tern
学名 /Chlidonias hybrida

体长： 23～28 cm

保护级别： 三有 / 无危（LC）

居留型： 留鸟

野外识别特征： 体型较小、浅色的燕鸥。喙红色而尖端黑，额及头顶黑色，喉白色，上体及胸部胸灰色，腹部黑色，尾略分叉，跗蹠红色。冬羽额部白色，头顶白色具黑褐细纹，枕部黑色，两翼、背部和尾上覆羽灰色，下体白色。幼鸟具褐色杂斑。

生态习性： 以动物性食物为主。栖于开阔平原湖泊、水库、河口、海岸和附近沼泽地带。

162. 白翅浮鸥
英文名 /White-winged Tern   学名 /*Chlidonias leucopterus*

体长：20 ～ 25 cm
保护级别：三有 / 无危（LC）
居留型：夏候鸟
野外识别特征：体型小的燕鸥。喙红色，头颈背及下体黑，翼上灰白色，翼下覆羽黑色，尾略分叉，跗跖橙红色。飞翔时，白色尾、浅灰色双翼与体黑色对比鲜明。冬羽喙黑色，额白色，眼斑、耳羽及后枕黑但具白色颈环，上体浅灰，下体白，跗趾黑色。
生态习性：以动物性食物为主。主要栖于内陆河流、湖泊、沼泽、河口和附近沼泽与水塘中。

鸮形目

祖麟 摄

163. 草鸮
英文名 /Eastern Grass Owl **学名** /*Tyto longimembris*

体长： 32～38 cm

保护级别： 国家二级 / 无危（LC）

居留型： 夏候鸟

野外识别特征： 体型中等的鸮。具灰棕色心形面部，有暗栗色边缘。上体红褐，具细小的白点斑，下体淡棕白，具褐色斑点。体羽多具点斑、杂斑或蠹状纹。虹膜褐色，喙米黄色，跗跖偏白色。

生态习性： 以动物性食物为主。栖于开阔高草地。

耿超 摄

马士胜 摄

164. 日本鹰鸮

英文名 /Northern Boobook　学名 /*Ninox japonica*

体长：27～33 cm

保护级别：国家二级 / 无危（LC）

居留型：旅鸟

野外识别特征：体型中等的鸮。头颈部多灰褐，无显著的面盘、翎领和耳羽簇，上体暗棕褐，下体白色，有宽而纵向的棕色条纹和水滴状的红褐色斑点。尾棕，尾羽上具宽的黑色横斑和端斑。

生态习性：以动物性食物为主。栖于山地阔叶林、落叶林、针叶林和混交林地，以及树木繁茂的公园和花园。

165. 斑头鸺鹠
英文名 /Asian Barred Owlet
学名 /*Glaucidium cuculoides*

体长：22～26 cm

保护级别：国家二级 / 无危（LC）

居留型：留鸟

野外识别特征：体型小、布满横斑的棕褐色鸮。头颈部、上体和两翼表面暗褐色，密被棕白色横斑。下喉和上胸白色，下胸白色并具褐色横斑；下体几乎全褐并具赭色横斑，尾羽黑褐色并具6道显著的白色横斑和羽端斑；无耳羽束。虹膜黄褐色。

生态习性：以动物性食物为主。栖于村庄、原始林和次生林。

鸮形目

166. 纵纹腹小鸮
英文名 /Little Owl　学名 /*Athene noctua*

体长：20～26 cm
保护级别：国家二级 / 无危（LC）
居留型：夏候鸟
野外识别特征：体型小、无耳羽束的鸮。头部扁圆，头顶平且具白色纵纹，虹膜亮黄色，具浅色眉纹和宽阔的白色髭纹。上体褐色，具白色纵纹和点斑；下体白色，具褐色杂斑和纵纹。肩羽具两道白色或皮黄色横斑。
生态习性：以动物性食物为主。栖于低山丘陵、林缘灌丛和平原森林地带，也出现在农田、荒漠和村庄附近的丛林中。

杨秀峰 摄

余欢 摄

167. 北领角鸮
英文名 /Japanese Scops Owl　学名 /*Otus semitorques*

体长：24～26 cm

保护级别：国家二级 / 无危（LC）

居留型：旅鸟

野外识别特征：体型较大、灰褐色的角鸮。上体偏灰或沙褐，并具深褐色细小蠕虫状羽纹，下体灰褐色有深色条纹，双翼深棕色且较长而尖，具耳羽束和特征性浅沙色颈环。虹膜橙或红，喙黄绿，跗趾灰。

生态习性：以动物性食物为主。栖于低地森林，树木繁茂的平原。

邱小熙 摄

耿超 摄

168. 红角鸮
英文名 /Oriental Scops Owl
学名 /*Otus sunia*

体长：17～21 cm

保护级别：国家二级 / 无危（LC）

居留型：旅鸟

野外识别特征：体型小、体色斑驳褐色的角鸮。具灰、棕两个色型。耳羽明显，虹膜黄色，胸部具黑色条纹。

生态习性：以动物性食物为主。栖于开放和半开放的林地、公园、稀树草原和树木繁茂的河滨地带。

戴菲 摄

祖麟 摄

杨秀峰 摄

刘云鹏 摄

169. 长耳鸮
英文名 /Long-eared Owl　学名 /*Asio otus*

体长：33～40 cm

保护级别：国家二级 / 无危（LC）

居留型：旅鸟

野外识别特征：体型中等的鸮。面部为圆而显著的橙黄色，中部白色杂有黑褐色，形成明显的"X"形纹，长而直立的耳羽明显。虹膜橙色并显呆滞。上体褐色具暗色、皮黄色及白色斑。下体棕色并具褐色纵纹或块斑。

生态习性：以动物性食物为主。栖于开阔的林地、森林边缘、河岸森林、树篱、杜松灌丛、林地以及树木繁茂的峡谷和沟壑。

170. 短耳鸮
英文名 /Short-eared Owl   学名 /*Asio fammeus*

体长：35～40 cm

保护级别：国家二级 / 无危（LC）

居留型：留鸟 / 旅鸟

野外识别特征：体型中等、黄褐色的鸮。翼长。面部明显且显白，眼周黑色，面盘余部棕黄色杂以黑色细羽干纹，耳羽束短小且野外不可见，虹膜亮黄色。上体黄褐色并布满黑色和皮黄色纵纹，下体皮黄色并具深褐色纵纹。飞行时，翼下白、腕部黑色明显。

生态习性：以动物性食物为主。栖于低山、平原、草原、沼泽等多种生境中，在开阔地较为多见。

171. 雕鸮
英文名 /Northen Eagle Owl   学名 /*Bubo bubo*

体长：59～73 cm

保护级别：国家二级 / 无危（LC）

居留型：留鸟 / 旅鸟

野外识别特征：体型巨大的鸮。体型高大，耳羽簇长，虹膜橙色，双眼巨大。体羽以深褐为主，颈部和胸部的黑色纵纹显著，胸部偏黄且具细密黄色横斑。跗跖黄色并被羽，几乎延至趾部。

生态习性：以动物性食物为主。主要栖于山地森林、平原、荒野、林缘灌丛、疏林，以及裸露的高山和峭壁等环境中。

刘兆瑞 摄

鷹形目

172. 鹗
英文名 /Osprey　学名 /*Pandion haliaetus*

体长：50～65 cm
保护级别：国家二级 / 无危（LC）
居留型：旅鸟
野外识别特征：体型中等的鹰。上体黑色具特征性黑色贯眼纹，头和下体白色，胸部具有棕色纵纹。飞翔时两翼弯曲。虹膜黄色，喙黑色并具灰色蜡膜。
生态习性：以动物性食物为主。栖于水库、河流、海岸或河口湿地。

孟向东 摄

周志浩 摄

鹰形目

173. 黑翅鸢
英文名 /Black-shouldered Kite　学名 /*Elanus caeruleus*

体长：30～37 cm

保护级别：国家二级 / 无危（LC）

居留型：留鸟

野外识别特征：体型小的白、灰、黑色鸢。虹膜红色，眼周为黑色，具有白眉纹。顶冠、背部、翼覆羽和尾基部为灰色，脸、颈和下体为白色。振翅悬停于空中寻找猎物的白色鹰类。

生态习性：以动物性食物为主。栖于有树木和灌木的开阔原野、农田、疏林和草原地区。

杨秀峰 摄

刘云鹏 摄

范升 摄

祖麟 摄

174. 凤头蜂鹰
英文名 /Oriental Honey-Buzzard　学名 /*Pernis ptilorhynchus*

体长：55～65 cm

保护级别：国家二级 / 无危（LC）

居留型：旅鸟

野外识别特征：体型较大、深色的鹰。凤头或有或无，头小颈长，翼指6枚，两翼和尾部均狭长，具有多种色型，不同生长阶段颜色多变。上体由白色、赤褐色至深褐色，下体具点斑和横纹。

生态习性：以动物性食物为主。迁徙过境鸟类，短暂停歇于阔叶林、针叶林和混交林的林缘。

175. 秃鹫
英文名 /Cinereous Vulture
学名 /*Aegypius monachus*

体长：100～120 cm

保护级别：国家一级 / 近危（NT）

居留型：旅鸟

野外识别特征：体型较大、深褐色的鹫。两翼长而宽，具平行的翼缘，后缘明显内凹，翼指7枚。尾短而呈楔形，头和喙强劲有力具松软翎颌，颈部灰蓝色。成鸟：喙为黑色，头部裸露皮肤为皮黄色，喉和眼下黑色，蜡膜蓝色。幼鸟：脸部近于黑色，喙黑，蜡膜粉红色。

生态习性：食腐性鸟类。栖于低山丘陵、森林荒岩草地、山谷溪流和林缘地带。

马士胜 摄

全再明 摄

梁向明 摄

鹰形目

176. 乌雕
英文名 /Greater Spotted Eagle
学名 /*Clanga clanga*

体长：61～74 cm

保护级别：国家一级 / 易危（VU）

居留型：旅鸟

野外识别特征：体型较大的雕。虹膜褐色。成鸟：通体深褐色，尾短，蜡膜和跗跖黄色。亚成体：翼上和背部具明显的白色点斑和横纹。

生态习性：以动物性食物为主。栖于开阔平原、沼泽地区，迁徙时见于水域附近的开阔地。

177. 金雕
英文名 /Golden Eagle　学名 /*Aquila chrysaetos*

体长：80～165 cm

保护级别：国家一级 / 无危（LC）

居留型：旅鸟

野外识别特征：体型较大、浓褐色的雕。头具金色羽冠，飞行时白色腰部明显。成鸟：喙巨大，蜡膜、嘴裂黄色，上体赤褐色，体背具有紫色光泽，下体黑褐色，具横斑。亚成体：体色黑褐色，尾基白而端部黑色。

生态习性：以动物性食物为主。栖于开阔原野、滨海湿地，有时见于城市内高楼。

178. 赤腹鹰
英文名 /Chinese Goshawk　学名 /*Accipiter soloensis*

体长：25～35 cm

保护级别：国家二级 / 无危（LC）

居留型：旅鸟

野外识别特征：体型中等的鹰。雄鸟：虹膜红色，蜡膜橙色，上体浅蓝灰色，下体色甚浅，胸和两胁略偏粉色，两胁具浅灰色横纹，腿部亦略具横纹。雌鸟：似雄鸟，虹膜褐色，上体暗灰，下体胸部和腿部具褐色横斑。

生态习性：以动物性食物为主。栖于山地森林和林缘地带，也见于低山丘陵和山麓平原地带的小块丛林，迁徙过境见于滨海湿地区域。

马士胜 摄

179. 日本松雀鹰
英文名 /Japanese Sparrow Hawk　　**学名** /*Accipiter gularis*

体长：23～30 cm

保护级别：国家二级 / 无危（LC）

居留型：旅鸟

野外识别特征：体型较小的鹰。雄鸟：虹膜红或黄，喉白，尾上横斑较窄，无明显的髭纹，上体深灰色，胸腹部浅棕色，尾具数条深色带。雌鸟：上体褐色，下体无棕色但具浓密的褐色横斑。

生态习性：以动物性食物为主。栖于林缘高大树木的顶枝。

周志浩 摄

马士胜 摄

180. 松雀鹰
英文名 /Besra　学名 /*Accipiter virgatus*

体长：28～36 cm

保护级别：国家二级 / 无危（LC）

居留型：旅鸟

野外识别特征：体型中等、深色的鹰。喉白并具黑色喉中线，虹膜黄色，喙黑色，蜡膜灰色。上体深灰色，下体有红褐色横斑，尾褐而具深色横纹。

生态习性：以动物性食物为主。栖于林缘和丛林边等空旷区域。

181. 雀鹰
英文名 /Eurasian Sparrow Hawk
学名 /*Accipiter nisus*

体长：30～40 cm

保护级别：国家二级 / 无危（LC）

居留型：旅鸟

野外识别特征：体型中等的鹰。雄鸟：喉白无纵纹，上体褐灰色，下体多具棕色横斑，尾部具横带，具白眉。雌鸟：体型较大，脸颊棕色较少，上体褐色，下体白色，无喉中线。

生态习性：以动物性食物为主。栖于林缘和开阔地区。

182. 苍鹰
英文名 /Northern Goshawk   **学名** /*Accipiter gentilis*

体长： 47～59 cm

保护级别： 国家二级 / 无危（LC）

居留型： 旅鸟

野外识别特征： 体型较大且强健的鹰。头部具高辨识的白色宽眉纹。成鸟：虹膜红色，上体灰黑，下体白色，具粉褐色横斑。亚成体：虹膜黄色，上体偏褐色，羽缘色浅成鳞状纹，下体具偏黑色粗纵纹。

生态习性： 以动物性食物为主。栖于不同海拔高度的森林地带，也见于山地平原和丘陵地带的疏林和小块林内。

183. 白腹鹞
英文名 /Eastern Marsh Harrier　学名 /*Circus spilonotus*

体长：48～58 cm

保护级别：国家二级 / 无危（LC）

居留型：旅鸟

野外识别特征：体型中等、深色的鹞。雄鸟：虹膜黄色，喉及胸部为黑色并具白色纵纹。雌鸟：虹膜浅褐色，体羽呈深褐色，头、喉部和前翼缘皮黄色。顶冠和枕部具深褐色纵纹，尾部有横斑。亚成体：虹膜浅褐色，似雌鸟但体色深，仅顶冠和枕部为皮黄色。

生态习性：以动物性食物为主。栖于开阔地，尤其是多草沼泽地和芦苇地。

184. 白尾鹞
英文名 /Hen Harrier
学名 /Circus cyaneus

体长：43～54 cm

保护级别：国家二级 / 无危（LC）

居留型：留鸟

野外识别特征：体型较大、褐色的鹞。雄鸟：头部、颈部及胸部呈灰色，具显眼的白色腰部和黑色翼尖。雌鸟：头部具短眉纹及眼下斑纹，并在眼后相连。脸部具深褐色月牙形耳斑。上体暗褐色，翼覆羽常具白色羽缘，腰白。下体白，具棕黄色纵纹。

生态习性：以动物性食物为主。栖于开阔原野、草地和农耕地。

杨秀峰 摄

时银川 摄

周志浩 摄

梁向明 摄

185. 鹊鹞
英文名 /Pied Harrier
学名 /*Circus melanoleucos*

体长：42～48 cm

保护级别：国家二级 / 无危（LC）

居留型：旅鸟

野外识别特征：体型小、两翼细长的鹞。雄鸟：整体呈现黑、白、灰色，头部、胸部黑色且无纵纹。雌鸟：上体褐色沾灰并具纵纹，腰白，尾具横斑，下体皮黄色并具棕色纵纹，翼下飞羽具近黑色横斑。

生态习性：以动物性食物为主。栖于开阔原野、沼泽、芦苇地等区域。

刘云鹏 摄

梁向明 摄

时银川 摄

186. 黑鸢
英文名 /Black Kite 学名 /*Milvus migrans*

体长：55～65 cm

保护级别：国家二级 / 无危（LC）

居留型：旅鸟

野外识别特征：体型中等、深褐色的猛禽。尾略分叉。飞行时，初级飞羽基部浅色斑与近黑色的翼尖对比明显。头部有时比背部色浅。未成年鸟头部和下体具皮黄色纵纹。

生态习性：以动物性食物为主。常栖于滨海湿地，在空中进食。

187. 白尾海雕
英文名 /White-tailed Sea Eagle
学名 /*Haliaeetus albicilla*

体长：74～92 cm

保护级别：国家一级 / 无危（LC）

居留型：旅鸟

野外识别特征：体型较大、褐色的雕。头、胸部浅褐色，喙大且呈黄色，尾部全白且呈楔形。体羽褐色，不同年龄阶段具不规则的锈色或白色点斑。

生态习性：以动物性食物为主。栖于有高大树木的水域或森林地区的开阔地带。

祖麟 摄

梁向明 摄

邱小熙 摄

范升 摄

188. 灰脸鵟鹰
英文名 /**Grey-faced Buzzard**　学名 /*Butastur indicus*

体长：39～48 cm

保护级别：国家二级 / 无危（LC）

居留型：旅鸟

野外识别特征：中等体型、褐色的鵟鹰。虹膜、蜡膜黄色，眉白且粗，颏、喉部白色明显，喉白且具有黑色髭纹，上体褐色，具近黑色的纵纹和横斑，胸部褐色并具黑色细纹。下体余部具棕色横斑。

生态习性：以动物性食物为主。栖于开阔林区，迁徙过境见于滨海湿地区域。

189. 毛脚鵟

英文名 /Rough-legged Buzzard
学名 /*Buteo lagopus*

体长： 50～60 cm

保护级别： 国家二级 / 无危（LC）

居留型： 旅鸟

野外识别特征： 体型中等、褐色的鵟。虹膜黄褐色，蜡膜黄色，头部、颈部白色，腹部深棕色。飞翔时，翼端、翼角褐色，其余部分为白色，尾部白色但端部黑色。

生态习性： 以动物性食物为主。栖于原野、耕地等开阔地带，迁徙过境见于滨海湿地区域。

孟向东 摄

杨秀峰 摄

时银川 摄

190. 大鵟
英文名 /Upland Buzzard
学名 /*Buteo hemilasius*

体长：55～71 cm

保护级别：国家二级 / 无危（LC）

居留型：旅鸟

野外识别特征：体型较大、棕色的鵟。喉部白色，体羽暗褐色，下体污白色，两胁和腿部深色，颊部具深色条纹。飞翔时，翼下深色腕部块斑，初级飞羽基部偏白，羽端黑色。

生态习性：以动物性食物为主。迁徙过境见于滨海湿地区域。

鹰形目

孟向东 摄

杨秀峰 摄

张廷芳 摄

191. 普通鵟
英文名 /Eastern Buzzard　学名 /*Buteo japonicus*

体长：50～60 cm

保护级别：国家二级 / 无危（LC）

居留型：旅鸟

野外识别特征：体型较大、棕色的鵟。色型变化较大，虹膜黄色或偏白色，喙蓝灰色，蜡膜黄绿色。成鸟：额及喉深褐色，尾上覆羽偏白并常具横斑，腿部深色，浅色型具深棕色翼下覆羽，深色型初级飞羽下方白色斑块更小。尾部常为褐色而非棕色。亚成体：似成鸟，但整体体色较浅，头部显白。

生态习性：以动物性食物为主。栖于山地森林、路边电线杆或开阔地高处。

犀鸟目

王景元 摄

192. 戴胜
英文名 /Eurasian Hoopoe　学名 /*Upupa epops*

体长：25～31 cm
保护级别：三有 / 无危（LC）
居留型：留鸟
野外识别特征：不易被误认的中型鸟类。体色鲜明，具长而耸立的粉棕色丝状冠羽，顶端黑色。头部、翕部、肩羽和下体粉棕色，两翼和尾部具黑白相间的条纹。喙长且下弯。
生态习性：以动物性食物为主。栖于山地、平原、林区、草地、农田、村边、果园等地。

胡业杲 摄

佛法僧目

193. 三宝鸟
英文名 /Oriental Dollarbird
学名 /Eurystomus orientalis

体长：26～32 cm
保护级别：三有 / 无危（LC）
居留型：旅鸟
野外识别特征：体型中等、深色佛法僧。具宽阔的红色喙。通体暗蓝灰色，但喉部为亮蓝色。飞行时可见两翼中心对称的亮蓝色圆圈状斑。
生态习性：以动物性食物为主。栖于混交林和阔叶林及林缘、河谷等高大乔木上。

周志浩 摄

佛法僧目

李福友 摄

194. 普通翠鸟
英文名 /Common Kingfisher　学名 /*Alcedo atthis*

体长：15～17 cm

保护级别：三有 / 无危（LC）

居留型：留鸟

野外识别特征：体型小、亮蓝色配棕色的翠鸟。上体浅蓝绿色并泛金属光泽，颈侧具白色点斑，下体橙棕色，颏部白色。幼鸟体色暗淡，具深色胸带。

生态习性：以动物性食物为主。栖于岩石或水面上方的枝头上。

195. 斑鱼狗
英文名 /Pied Kingfisher　学名 /*Ceryle rudis*

体长：27～30 cm

保护级别：三有 / 无危（LC）

居留型：偶见旅鸟

野外识别特征：体型中等、黑白色的鸟。上体黑色并具白点。初级飞羽及尾羽基部白色、羽端黑色。下体白色，上胸具黑色宽阔条带，其下具狭窄黑斑。雌鸟胸带不如雄鸟宽。虹膜褐色，喙、跗跖黑色。

生态习性：以动物性食物为主。常栖于水边树上。

杨秀峰 摄

196. 蓝翡翠
英文名 /Black-capped Kingfisher　学名 /*Halcyon pileata*

体长：26～31 cm

保护级别：三有 / 无危（LC）

居留型：夏候鸟

野外识别特征：体型大、蓝、白、黑色的翡翠。头黑为其重要特征。翼上覆羽黑色，上体余部为亮丽华贵的蓝紫色。两胁和臀部沾棕色。飞行时白色翼斑明显。喙、跗红色。

生态习性：以动物性食物为主。栖于河面上方的枝头。

杨秀峰 摄

啄木鸟目

197. 蚁䴕
英文名 /Wryneck　学名 /*Jynx torquilla*

体长：♂ 40～43 cm；♀ 34～36 cm

保护级别：三有 / 无危（LC）

居留型：旅鸟

野外识别特征：体型中等、灰褐色啄木鸟。体羽斑驳杂乱，下体具横斑。喙相对较短并呈圆锥形，尾部较长并具不明显的横斑。虹膜淡褐色。

生态习性：以动物性食物为主。栖于灌丛、滨海湿地等区域。

时银川 摄

198. 灰头绿啄木鸟
英文名 /Grey-faced Woodpecker
学名 /Picus canus

体长：26～31 cm

保护级别：三有 / 无危（LC）

居留型：留鸟

野外识别特征：体型中等、绿色的啄木鸟。下体全灰，颊部和喉部亦灰。雄鸟：顶冠前方深红色，眼先和狭窄颊纹为黑色，尾部黑色。雌鸟：顶冠灰色而无红斑。

生态习性：杂食性鸟类。栖于低山阔叶林和混交林，也出现于次生林和林缘地带。

胡业杲 摄

杨秀峰 摄

戴菲 摄

胡业杲 摄

199. 星头啄木鸟
英文名 /Grey-capped Woodpecker
学名 /Picoides canicapillus

体长：14～17 cm

保护级别：三有 / 无危（LC）

居留型：留鸟

野外识别特征：体型小的啄木鸟。背部、两翼具黑白色条纹，顶冠黑灰色。雄鸟眼后上方具红色条纹，腹部棕黄色并具偏黑色条纹。虹膜淡褐色。

生态习性：杂食性鸟类。栖于山地和平原阔叶林、针阔叶混交林和针叶林中。

时银川 摄

200. 棕腹啄木鸟
英文名/Rufous-bellied Woodpecker　学名/*Dendrocopos hyperythrus*

体长：19～23 cm

保护级别：三有/无危（LC）

居留型：旅鸟

野外识别特征：体型中等的啄木鸟。体色艳丽，背部、两翼和尾部黑色并具成排白点，头侧和下体浓赤褐色，臀部红色。雄鸟：顶冠和枕部红色。雌鸟：顶冠黑色并具白点。

生态习性：杂食性鸟类。栖于针叶林或混交林。

201. 大斑啄木鸟
英文名 /Great Spotted Woodpecker　学名 /*Dendrocopos major*

体长：20～25 cm

保护级别：三有 / 无危（LC）

居留型：留鸟

野外识别特征：体型中等、黑白斑点的啄木鸟。雄鸟枕部具狭窄红色带，雌鸟无。两性臀部均为红色，具黑色纵纹的偏白色胸部无红色和橙色。

生态习性：杂食性鸟类。栖于山地和平原针叶林、针阔叶混交林和阔叶林中。

隼形目

张廷芳 摄

202. 红隼
英文名 /Common Kestrel 学名 /*Falco tinnunculus*

体长：31 ~ 38 cm
保护级别：国家二级 / 无危（LC）
居留型：留鸟
野外识别特征：体型小、褐色的隼。雄鸟：顶冠和枕部灰色，尾部蓝灰色、无横斑，上体赤褐略具黑色横斑，下体皮黄色并具黑色纵纹。雌鸟：体型略大，上体全褐，比雄鸟少赤褐色而多粗横斑。未成年鸟似雌鸟，但体羽多纵纹。
生态习性：以动物性食物为食。栖于各种生境中，包括山地森林、低山丘陵、草原、旷野、森林平原、农田耕地和村庄附近等。

隼形目

杨秀峰 摄

203. 红脚隼
英文名 /Eastern Red-footed Falcon   学名 /*Falco amurensis*

体长：25～30 cm
保护级别：国家二级 / 无危（LC）
居留型：旅鸟
野外识别特征：体型小、灰色的隼。腿部、腹部和臀部均为棕色。雌鸟：额部白色，顶冠灰色并具黑色纵纹，背部和尾部灰色，尾部具黑色横斑，喉部白色，眼下具偏黑色髭纹，下体乳白色，胸部具醒目的黑色纵纹，腹部具黑色横斑，翼下白色并具黑色点斑和横斑。未成年鸟似雌鸟，但下体斑纹为棕褐色而非黑色。蜡膜和跗跖红色。
生态习性：以动物性食物为食。栖于低山疏林、林缘、山脚平原、丘陵地区的沼泽、草地、河流、山谷和农田耕地等开阔地区。

时银川 摄

杨秀峰 摄

周志浩 摄

隼形目

204. 灰背隼
英文名 /Merlin　学名 /*Falco columbarius*

体长：27～32 cm

保护级别：国家二级 / 无危（LC）

居留型：旅鸟

野外识别特征：体型小而紧凑的隼。无髭纹。雄鸟：顶冠和上体淡蓝灰色，略具黑色纵纹，尾部淡蓝灰色并具黑色次端斑，尾端白色，下体黄褐色并具黑色纵纹，头部棕色，细眉纹白色。雌鸟和未成年鸟上体灰褐色，腰部灰色，眉纹和喉部白色，下体偏白色而胸、腹部具深褐色斑纹，尾部具偏白色横斑。

生态习性：以动物性食物为食。栖于沼泽和开阔草地。

205. 燕隼
英文名 /Hobby 学名 /*Falco subbuteo*

体长：29～35 cm

保护级别：国家二级 / 无危（LC）

居留型：旅鸟

野外识别特征：体型小、黑白色的隼。翼长腿部、臀部棕色。上体深灰色，胸部乳白色并具黑色纵纹。雌鸟体型比雄鸟大且体羽偏褐色、腿部和尾下覆羽细纹较多。与猛隼的区别为胸部偏白色。蜡膜和跗跖黄色。

生态习性：以动物性食物为食。栖于有稀疏树木生长的开阔平原、旷野、耕地、海岸、疏林和林缘地带。

范升 摄

范升 摄

杨保根 摄

隼形目

时银川 摄

206. 游隼
英文名 /Peregrine Falcon
学名 /*Falco peregrinus*

体长：41～50 cm

保护级别：国家二级 / 无危（LC）

居留型：旅鸟

野外识别特征：体型大、强壮的深色隼。成鸟顶冠和脸颊偏黑色或具黑色条纹，上体深灰色并具黑色点斑和横纹，下体白色，胸部具黑色纵纹，腹部、腿部和尾下具黑色横斑。雌鸟比雄鸟体型明显更大。未成年鸟体羽褐色浓重，腹部具纵纹。

生态习性：以动物性食物为食。栖于水边和林缘开阔地。

雀形目

207. 黑枕黄鹂
英文名 /Black-naped Oriole 学名 /*Oriolus chinensis*

体长： 23～28 cm

保护级别： 三有 / 无危（LC）

居留型： 旅鸟

野外识别特征： 体型中等的黄黑色鹂。贯眼纹和枕部黑色，飞羽多为黑色。雄鸟：体羽余部亮黄色。雌鸟：体色较暗淡，背部偏橄榄色。幼鸟背部橄榄色，下体偏白色并具黑色纵纹。虹红色、粉色。

生态习性： 杂食性鸟类。栖于低山丘陵和山脚平原地带的天然次生阔叶林、混交林。

周志浩 摄

杨保根 摄

耿超 摄

雀形目

208. 灰山椒鸟
英文名 /Ashy Minivet　学名 /*Pericrocotus divaricatus*

体长：18～21 cm

保护级别：三有 / 无危（LC）

居留型：旅鸟

野外识别特征：体型中等的山椒鸟。雄鸟：头部前额白色，窄黑额带，从眼上方至颈后黑色，耳羽黑色，延伸至后头和颈背；头部侧面和颈部半环白色；背部、翅膀初级飞羽覆盖羽均匀钢灰色；次级飞羽和三级飞羽覆盖羽烟黑色，边缘钢灰色；中央尾羽黑色，其余尾羽黑色具宽白色端斑；下巴、喉部及腹部纯白色，翼下覆羽灰白相间。雌鸟：头部灰色，除眼上方和额部，下体较淡的白色。幼鸟上体烟色，翼羽边缘白色，胸部两侧和两胁具细密模糊的淡灰色横斑。

生态习性：以动物性食物为主。栖于常绿和落叶森林、次生林、林地和有零星树木的区域。

周志浩 摄

周志浩 摄

雀形目

209. 暗灰鹃鵙
英文名 /Black-winged Cuckooshrike   学名 /*Lalage melaschistos*

体长：20～24 cm

保护级别：三有 / 无危（LC）

居留型：旅鸟

野外识别特征：体型中等、灰黑色的鹃鵙。雄鸟通体青灰色，两翼亮黑青色，尾下覆羽白色，尾羽黑色，3 枚外侧尾羽羽端白色。雌鸟色浅，下体具白色横斑，耳羽具白色细纹，白色眼圈不完整，翼下通常具小块白斑。比大鹃鵙小得多且无黑色眼罩。跗跖铅蓝色。

生态习性：杂食性鸟类。栖于开阔林地和竹林。

210. 黑卷尾
英文名 /Black Drongo
学名 /*Dicrurus macrocercus*

体长：24～30 cm
保护级别：三有 / 无危（LC）
居留型：夏候鸟
野外识别特征：体型中等、蓝黑色并具金属光泽的卷尾。喙较小，尾极长而分叉极深，在风中常以奇特角度上举。嘴裂具白点。幼鸟下体下方具偏白色横纹。
生态习性：以动物性食物为主。栖于开阔地区，常立于小树或电线上。

马士胜 摄

尚帅 摄

周志浩 摄

211. 灰卷尾
英文名 /Ashy Drongo
学名 /*Dicrurus leucophaeus*

体长：26～29 cm

保护级别：三有 / 无危（LC）

居留型：夏候鸟

野外识别特征：体型中等、灰色的卷尾。脸部偏白色，尾长而分叉深。各亚种体色不同。

生态习性：杂食性鸟类。栖于平原丘陵地带、村庄附近、河谷或山区。

梁向明 摄

212. 发冠卷尾
英文名 /Hair-crested Drongo　学名 /*Dicrurus hottentottus*

体长：29～34 cm

保护级别：三有 / 无危（LC）

居留型：旅鸟

野外识别特征：体型较大、绒黑色卷尾。头顶具细长羽冠。体羽具闪烁点斑。尾长而分叉，外侧羽端钝而上翘。

生态习性：杂食性鸟类。栖于常绿阔叶林、次生林或人工松林中。

周志浩 摄

梁向明 摄

213. 寿带
英文名 /Chinese Paradise Flycatcher
学名 /*Terpsiphone incei*

体长：♂ 35～49 cm；♀ 17～21 cm
保护级别：三有 / 无危（LC）
居留型：夏候鸟
野外识别特征：体型修长的鸟。似印度寿带但羽冠短得多、喙部更小、上体偏深栗色、雌鸟具头罩。和紫寿带的区别为雌鸟和雄鸟棕色型上体偏深栗色、雌鸟臀部白色而非浅红褐色并具头罩、喙更短而浅。雄鸟白色型较少。偶有上体栗色、尾羽白色的雄性个体。

生态习性：以动物性食物为食。栖于山区或丘陵地带的林区，常隐匿在树丛中。

214. 虎纹伯劳
英文名 /Tiger Shrike　学名 /Lanius tigrinus

体长：17～19 cm

保护级别：三有 / 无危（LC）

居留型：夏候鸟

野外识别特征：体型中等、背部棕色的伯劳。雄鸟：顶冠和枕部灰色，背部、两翼和尾部浓栗色并具黑色横斑，贯眼纹宽而黑，下体白色，两胁具色横斑。雌鸟：似雄鸟，但眼先和眉纹色浅。幼鸟体羽暗褐色，贯眼纹黑色并具糊横斑，眉纹色浅，下体皮黄色。

生态习性：杂食性鸟类。栖于低山丘陵和山脚平原地区的森林和林缘地带。

李在军 摄

215. 牛头伯劳
英文名 /Bull-headed Shrike　学名 /*Lanius bucephalus*

体长：19～20 cm

保护级别：三有 / 无危（LC）

居留型：夏候鸟

野外识别特征：体型中等、褐色的伯劳。顶冠褐色、背部灰色、尾端白色为其区别于其他大部分伯劳的主要特征。飞行时初级飞羽基部白斑明显。下体偏白色并略具黑色横斑，两胁沾棕色。雌鸟体羽偏褐色。

生态习性：以动物性食物为食。栖于低山、丘陵和平原地带的疏林和林缘灌丛草地。

216. 红尾伯劳
英文名 /Brown Shrike   学名 /*Lanius cristatus*

体长：17～20 cm

保护级别：三有 / 无危（LC）

居留型：夏候鸟

野外识别特征：体型中等的伯劳。通体褐色，喉部白色。成鸟额部灰色，眉纹白色，并具宽阔的黑色眼罩，顶冠和上体褐色，下体皮黄色。幼鸟似成鸟，但背部和体侧具深褐色波浪状细纹，黑色眉纹区别于虎纹伯劳幼鸟。

生态习性：杂食性鸟类。栖于低山丘陵和山脚平原地带的灌丛、疏林和林缘地带。

杨秀峰 摄

尚帅 摄

胡业焊 摄

刘云鹏 摄

217. 棕背伯劳
英文名 /Long-tailed Shrike　学名 /*Lanius schach*

体长：23～28 cm

保护级别：三有 / 无危（LC）

居留型：夏候鸟

野外识别特征：体型较大的伯劳。尾长，成鸟额部、眼罩、两翼和尾部黑色，并具一明显白色翼斑，顶冠和枕部灰色或灰黑色，背部、腰部和体侧红褐色，颏、胸和腹部中央白色。头部和背部黑色的扩展随亚种而有所不同。幼鸟体色较暗，两胁和背部具横斑，头部和枕部偏灰色。

生态习性：以动物性食物为主。栖于低山丘陵和山脚及平原地区。

李福友 摄

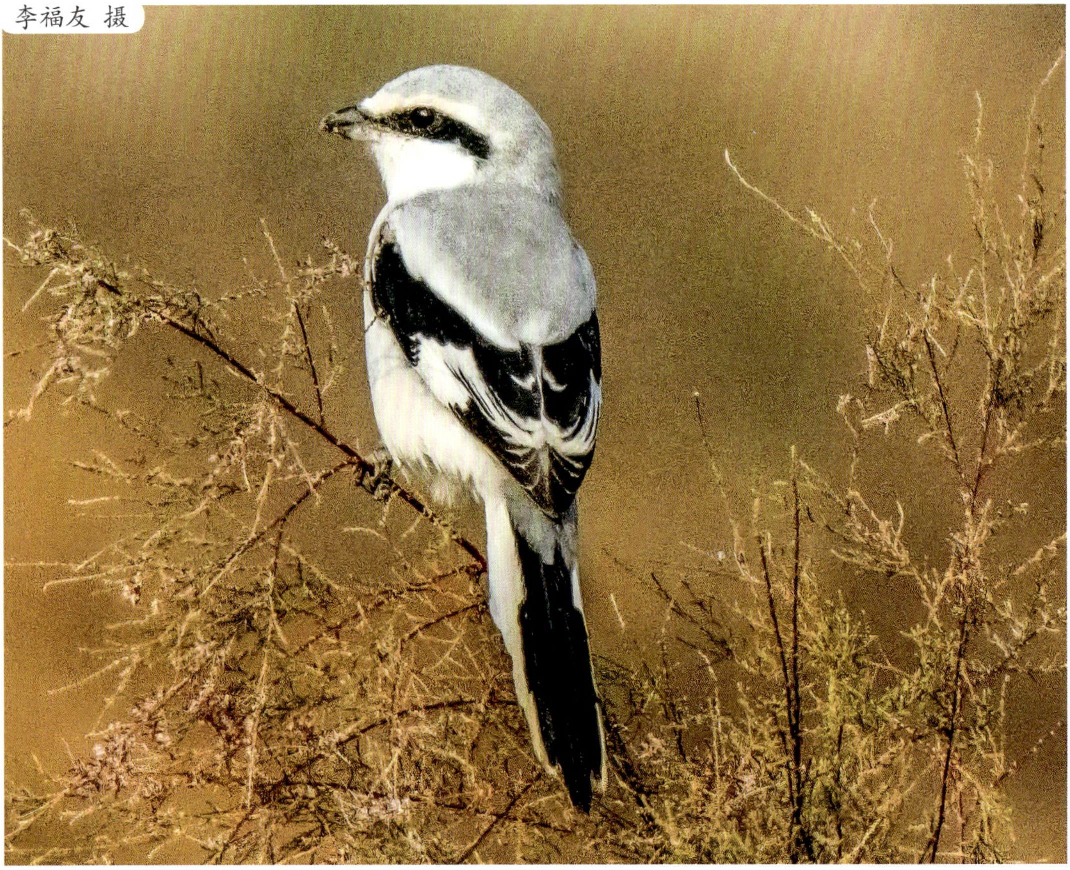

218. 楔尾伯劳
英文名 /Chinese Grey Shrike
学名 /*Lanius sphenocercus*

刘云鹏 摄

体长：25 ～ 31 cm

保护级别：三有 / 无危（LC）

居留型：冬候鸟

野外识别特征：体型较大的伯劳。灰色，眼罩黑色，眉纹白色，两翼黑色并具明显白色翼斑。3 枚中央尾羽黑色，羽端具狭窄白色带，外侧尾羽白色。

生态习性：以动物性食物为主。栖于低山、平原和丘陵地带的疏林和林缘灌丛草地。

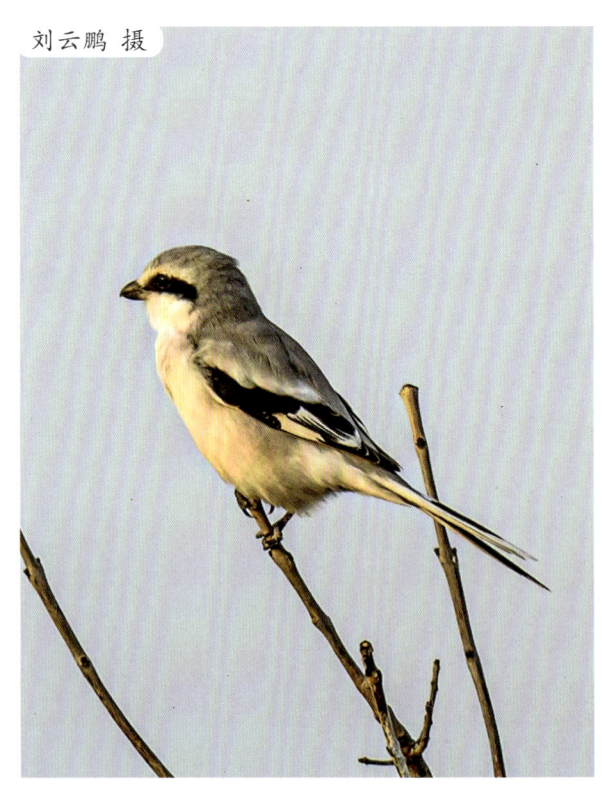

219. 灰喜鹊
英文名 /Azure-winged Magpie　学名 /*Cyanopica cyanus*

体长：31～40 cm
保护级别：三有 / 无危（LC）
居留型：留鸟
野外识别特征：修长的灰色鹊。不易被误认的鸟，具黑色头罩，两翼天蓝色，并具蓝色长尾。
生态习性：杂食性鸟类。栖于开阔林地、公园及城镇中。

雀形目

杨秀峰 摄

220. 喜鹊
英文名 /Oriental Magpie
学名 /Pica serica

体长：40～50 cm

保护级别：三有/无危（LC）

居留型：留鸟

野外识别特征：黑白色鹊。具黑色长尾，似欧亚喜鹊和青藏喜鹊，但腰部具浅色或偏白色带斑。

生态习性：杂食性鸟类。栖于山区、平原、荒野、农田、郊区、城市、公园和花园等。

刘云鹏 摄

胡业杲 摄

221. 红嘴山鸦
英文名 /Red-billed Chough
学名 /*Pyrrhocorax pyrrhocorax*

体长：26～47 cm
保护级别：三有 / 无危（LC）
居留型：旅鸟
野外识别特征：体型较小、亮黑色的鸦。具修长而下弯的亮红色喙和红色跗跖。幼鸟似成鸟但喙偏黑。
生态习性：杂食性鸟类。栖于开阔的低山丘陵和山地。

梁向明 摄

222. 达乌里寒鸦
英文名 /Daurian Jackdaw   学名 /*Corvus dauuricus*

体长：29～37 cm
保护级别：三有 / 无危（LC）
居留型：旅鸟
野外识别特征：体型小、黑白色的鸦。颈部偏白色斑延至胸部下方。与白颈鸦的区别为体型较小、喙更细、胸部白色区域较大。幼鸟体色对比不甚明显。
生态习性：杂食性鸟类。栖于山地、丘陵、平原、农田、旷野等各类生境中。

李福友 摄

223. 秃鼻乌鸦
英文名 /Rook　学名 /*Corvus frugilegus*

体长：45～50 cm

保护级别：三有 / 无危（LC）

居留型：旅鸟

野外识别特征：体型较大、黑色的鸦。喙基具特征性浅灰色裸露皮肤。幼鸟脸部覆羽，易与小嘴乌鸦相混淆，区别为顶冠更为拱圆、喙呈锥形且尖、腿部垂羽更为松散。飞行时可见尾端呈楔形、两翼较长而窄、"翼指"明显、头部突出。

生态习性：杂食性鸟类。栖于低山、丘陵和平原地区，尤以农田、河流和村庄附近较常见。

224. 小嘴乌鸦
英文名 /Carrion Crow
学名 /*Corvus corone*

体长：48 ～ 56 cm

保护级别：三有 / 无危（LC）

居留型：旅鸟

野外识别特征：体型较大、黑色的鸦。与秃鼻乌鸦的区别为喙基部覆黑色羽，与大嘴乌鸦的区别为额弓更低、喙虽强劲但更为修长、上喙鼻须无凹刻。

生态习性：杂食性鸟类。栖于低山、丘陵和平原地带的疏林及林缘地带。

马士胜 摄

尚帅 摄

225. 白颈鸦
英文名 /Collared Crow
学名 /*Corvus pectoralis*

体 长：♂40～43 cm；♀34～36 cm

保护级别：三有 / 易危（VU）

居留型：旅鸟

野外识别特征：体型较大、亮黑色、白色的鸦。喙厚。白色枕部和胸带与体羽余部形成的强烈对比使其有别于同域分布的其他鸦类。

生态习性：杂食性鸟类。栖于平原、耕地、河滩、城镇和村庄。

陈建中 摄

李俐 摄

雀形目

孟向东 摄

226. 大嘴乌鸦
英文名 /Large-billed Crow
学名 /Corvus macrorhynchos

体长：47～57 cm

保护级别：三有 / 无危（LC）

居留型：旅鸟

野外识别特征：体型较大、亮黑色的鸦。喙甚粗厚并呈拱形。比渡鸦体型更小而尾部较平。与小嘴乌鸦的区别为喙粗厚、尾更圆、额弓更高且上喙鼻须有一凹刻。

生态习性：杂食性鸟类。栖于低山、平原和山地阔叶林、针阔叶混交林、针叶林、次生杂木林、人工林等各种森林类型中。

马士胜 摄

周志浩 摄

227. 煤山雀
英文名 /Coal Tit　学名 /*Periparus ater*

体长：9～12 cm

保护级别：三有 / 无危（LC）

居留型：冬候鸟

野外识别特征：体型小的山雀。顶冠、颈侧、喉部和上胸黑色。部灰色或橄榄灰色，腹部白色有时杂皮黄色。大部分亚种具黑色尖羽冠。

生态习性：杂食性鸟类。栖于海拔 3000 m 以下的低山和山麓地带的次生阔叶林、阔叶林和针阔叶混交林中。

228. 黄腹山雀
英文名 /Yellow-bellied Tit　学名 /*Pardaliparus venustulus*

体长：9～11 cm

保护级别：三有 / 无危（LC）

居留型：旅鸟

野外识别特征：体型小的山雀。尾短，下体黄色，翼上具两排白色点斑，喙甚短。雄鸟：头部和围兜黑色，颊斑和枕部点斑白色，上体蓝灰色，腰部银色。雌鸟：头部偏灰色，白色喉部与颊斑之间具灰色颊纹，眉部略具浅色点。幼鸟似雌鸟但体色更暗，上体偏橄榄色。

生态习性：杂食性鸟类。栖于海拔 2000 m 以下的山地各种林木中。

李福友 摄

杨秀峰 摄

李在军 摄

孟向东 摄

229. 沼泽山雀
英文名 /Marsh Tit　学名 /Poecile palustris

体长：11～13 cm

保护级别：三有 / 无危（LC）

居留型：留鸟

野外识别特征：体型小的山雀。头顶和颏部黑色，上体偏褐色或橄榄色，下体偏白色，两胁黄色。无翼斑和枕斑。与褐头山雀易混淆，区别为通常无浅色翼斑且头顶亮黑色。

生态习性：杂食性鸟类。栖于山地针叶林和针阔叶混交林中。

230. 大山雀
英文名 /Japanese Tit
学名 /*Parus minor*

体长：12～14 cm
保护级别：三有 / 无危（LC）
居留型：留鸟
野外识别特征：丰满的黑、灰、白色山雀。头部和喉部亮黑色，与白色颊斑和枕斑形成强烈对比。白色翼斑明显，尾部黑色而尾缘白色。
生态习性：杂食性鸟类。栖于低山和山麓地带的次生阔叶林、阔叶林和针阔叶混交林中。

李福友 摄

胡业呆 摄　　　　　　刘云鹏 摄

张廷芳 摄

231. 中华攀雀
英文名 /Chinese Penduline Tit
学名 /*Remiz consobrinus*

体长：10～11 cm

保护级别：三有 / 无危（LC）

居留型：留鸟

野外识别特征：体型纤细的攀雀。雄鸟：顶冠灰色，眼罩黑色，背部棕色，尾部略分叉。雌鸟和幼鸟似雄鸟但体色更暗、眼罩色浅。

生态习性：杂食性鸟类。栖于开阔平原、半荒漠地区的疏林内。

雀形目

李福友 摄

周志浩 摄

232. 云雀
英文名 /Eurasian Skylark　学名 /*Alauda arvensis*

体长：16～18 cm

保护级别：国家二级 / 无危（LC）

居留型：冬候鸟

野外识别特征：体型中等、斑驳灰褐色的云雀。顶冠具细纹，羽冠耸立。尾部分叉而边缘白色，白色后翼缘在飞行时可见。

生态习性：杂食性鸟类。栖于草地、平原和沼泽。

马士胜 摄

233. 凤头百灵
英文名 /Crested Lark　学名 /*Galerida cristata*

体长：17～19 cm

保护级别：三有 / 无危（LC）

居留型：冬候鸟

野外识别特征：体型较大的百灵。典型识别特征是褐色纵纹和长而窄的羽冠。上体沙褐色并具偏黑色纵纹，尾覆羽皮黄色。下体浅皮黄色，胸部布满偏黑色纵纹。外形敦实而尾短，喙略长而下弯。飞行时两翼显宽，翼下锈色，尾部深褐色而两侧黄褐色。幼鸟上体布满点斑。

生态习性：杂食性鸟类。栖于干燥平原、半荒漠和农耕地。

雀形目

234. 角百灵
英文名 /Horned Lark　学名 /*Eremophila alpestris*

体长：16～19 cm

保护级别：三有 / 无危（LC）

居留型：夏候鸟

野外识别特征：体型中等、深色的百灵。具独特的头部斑纹。雄鸟具宽阔的黑色胸带，脸部为黑色和白色，顶冠前端黑色条纹后延形成特征性的小型黑色"角"。上体为纯暗褐色，下体余部白色，两胁具些许褐色纵纹。雌鸟和幼鸟体色暗且无"角"，但头部斑纹明显。飞行时翼下白色可见。

生态习性：杂食性鸟类。栖于滨海湿地。

周志浩 摄

235. 蒙古百灵
英文名 /Mongolian Lark　　**学名** /*Melanocorypha mongolica*

体长：17～22 cm
保护级别：国家二级 / 无危（LC）
居留型：留鸟
野外识别特征：体型较大、锈褐色的百灵。具黑色胸带和白色下体。头部图案独特，为浅黄褐色顶冠和栗色外圈，其下方的白色眉纹延至枕部栗色后颈环上方。栗色翼覆羽与白色次级飞羽和黑色初级飞羽形成对比。喙浅角质色，跗跖橙色。
生态习性：杂食性鸟类。栖于草原、半荒漠、滨海湿地等区域。

周志浩 摄

236. 短趾百灵
英文名 /Asian Short-toed Lark 学名 /*Alaudala cheleensis*

体长：13～14 cm

保护级别：三有 / 无危（LC）

居留型：留鸟

野外识别特征：较小的斑驳褐色百灵。无羽冠。似大短趾百灵但体型更小且颈部无黑斑、喙较粗短、胸部纵纹延至体侧。站势甚直，上体布满纵纹且尾部具白色宽边而区别于其他小型百灵。虹膜深褐色，喙角质灰色，跗跖肉棕色。

生态习性：杂食性鸟类。栖于干旱平原、草地、滨海湿地等区域。

朱星辉 摄

237. 文须雀
英文名 /Bearded Reedling
学名 /*Panurus biarmicus*

体长：14～18 cm

保护级别：三有 / 无危（LC）

居留型：冬候鸟

野外识别特征：眼先及髭纹黑色，头顶暗灰，后颈至覆尾羽深金黄色。小覆翼羽为灰色，中覆翼羽黑色，大覆翼羽外侧为棕褐色而内侧为黑色。尾呈棕色而中间的一对淡黄，外侧的两对外缘白色，覆尾羽黑色。眼橙黄，嘴橙色，脚黑色。雌鸟无髭纹，全身颜色较淡。

生态习性：杂食性鸟类。主要栖于湖泊及河流沿岸芦苇沼泽中。

雀形目

梁向明 摄

梁向明 摄

238. 棕扇尾莺

英文名 /Zitting Cisticola
学名 /*Cisticola juncidis*

体长：10～14 cm

保护级别：三有 / 无危（LC）

居留型：夏候鸟

野外识别特征：体型小、褐色纵纹的莺。上体呈栗棕色，具有明显的黑褐色羽干纹和棕白色眉纹，腰部为黄褐色，尾端则显著为白色；下体为白色，两侧沾有淡棕黄色。上嘴呈红褐色，下嘴为粉红色，脚肉色或肉红色。

生态习性：杂食性鸟类。栖于开阔草地、稻田和甘蔗地。

尚帅 摄

杨秀峰 摄

239. 东方大苇莺
英文名 /Oriental Reed Warbler
学名 /*Acrocephalus orientalis*

体长：17～19 cm

保护级别：三有 / 无危（LC）

居留型：夏候鸟

野外识别特征：体型较大、橄榄褐色的苇莺。具明显的皮黄色眉纹。腰及尾上覆羽橄榄棕褐色，外缘具橄榄褐色羽缘，覆羽淡色羽缘较宽；下体的颏、喉部棕白色，下喉及前胸羽毛具细的棕褐色羽干纹，向后变为皮黄色；雌性较雄鸟羽色较暗淡，体型稍小；上嘴黑褐；下嘴肉红，先端茶褐色；脚铅蓝色。

生态习性：杂食性鸟类。栖于低海拔地区的芦苇地、稻田、沼泽和次生灌丛。

刘云鹏 摄

雀形目

240. 黑眉苇莺
英文名 /Black-browed Reed Warbler   学名 /*Acrocephalus bistrigiceps*

体长：13 ~ 14 cm

保护级别：三有 / 无危（LC）

居留型：夏候鸟

野外识别特征：体型中等、褐色的苇莺。上体橄榄棕褐色；眉纹淡黄并有明显黑褐色纵纹；下体白色，两胁棕色。嘴黑褐色，下嘴基部呈淡褐色；脚暗褐色。

生态习性：以动物性食物为食。栖于近水的高芦苇丛和高草地中。

杨秀峰 摄

241. 钝翅苇莺

英文名 /Blunt-winged Warbler
学名 /*Acrocephalus concinens*

体长：13～14 cm

保护级别：三有 / 无危（LC）

居留型：夏候鸟

野外识别特征：体型中等、棕褐色无纵纹的苇莺。两翼短圆，具有白色的短眉纹。上体深橄榄褐色，腰及尾上覆羽棕色。具深褐色的过眼纹但眉纹上无深色条带。下体白，胸侧、两胁及尾下覆羽沾皮黄。上嘴色深，下嘴色浅；脚偏粉色，脚底蓝色。

生态习性：以动物性食物为食。栖于芦苇地和丘陵地区。

242. 厚嘴苇莺
英文名 /Thick-billed Warbler　学名 /*Arundinax aedon*

体长：18～21 cm

保护级别：三有 / 无危（LC）

居留型：夏候鸟

野外识别特征：体型较大、橄榄褐色或棕色的苇莺。上体羽橄榄棕褐色；下体羽近白色，微沾淡棕色，喙粗短，呈黑褐色，下嘴基部淡黄褐色，嘴宽阔，嘴须非常发达；脚暗铅褐色。无深色贯眼纹、无浅色眉纹。尾长而呈楔形。

生态习性：杂食性鸟类。栖于森林、林地和次生灌丛。

周志浩 摄

孟向东 摄

243. 小蝗莺
英文名 /Pallas's Grasshopper Warbler   学名 /*Helopsaltes certhiola*

体长：13 ～ 15 cm
保护级别：三有 / 无危（LC）
居留型：夏候鸟
野外识别特征：体型中等的莺。上体呈橙褐色，白头顶至背部具显著的黑褐色纵纹，腰部色泽略淡；前额橄榄褐色。贯眼纹暗褐色，眉纹淡棕色，颈项部边缘灰白色；飞羽和翅上覆羽黑褐色，覆羽外缘淡灰褐色，尾羽表面具隐约显现的暗色横纹。下体的喉、颏、腹近白色，胸部淡棕褐色；嘴暗褐色，下嘴基黄褐色；脚暗褐色。
生态习性：杂食性鸟类。栖于芦苇地、沼泽、稻田、近水的草丛以及林缘地带。

周志浩 摄

杨秀峰 摄

雀形目

马士胜 摄

孟向东 摄

244. 矛斑蝗莺

英文名 /Lanceolated Warbler
学名 /*Locustella lanceolata*

体长：12～13 cm

保护级别：三有 / 无危（LC）

居留型：夏候鸟

野外识别特征：体型中等的莺。上体橄榄褐色，密布有黑褐色纵纹，眉纹淡黄色细而不明显，下体乳白色具黑色纵纹，尾羽腹面无白端；虹膜暗褐色；嘴黑褐色，下嘴基黄褐色；脚肉色。

生态习性：主要以动物性食物为食。栖于潮湿的稻田、沼泽灌丛、近水的休耕地和蕨丛。

李在军 摄

尚帅 摄

杨秀峰 摄

245. 崖沙燕
英文名 /Sand Martin **学名** /*Riparia riparia*

体长：12～13 cm

保护级别：三有 / 无危（LC）

居留型：旅鸟

野外识别特征：体型小的燕。上体灰褐色、下体白色并具一道褐色胸带。幼鸟喉部皮黄色。与淡色崖沙燕易混淆，区别为上体和胸带色深、喉部更白。

生态习性：以动物性食物为食。栖于沟壑陡壁，山地岩石带。

杨秀峰 摄

246. 家燕
英文名 /Barn Swallow
学名 /*Hirundo rustica*

体长：17～20 cm

保护级别：三有 / 无危（LC）

居留型：夏候鸟

野外识别特征：体型中等的燕。上体钢青色，颏部栗色，上胸部偏红色并具一道蓝色胸带，下胸、腹部白色，尾羽甚长，近尾端处具白色点斑。幼鸟体羽色暗，无延长尾羽。

生态习性：以动物性食物为食。栖息于人类居住的环境，如房顶、电线杆等人工构筑物上，村落附近。

刘云鹏 摄

余欢 摄

周志浩 摄

247. 金腰燕
英文名 /Red-rumped Swallow
学名 /Cecropis daurica

体长： 16 ~ 20 cm
保护级别： 三有 / 无危（LC）
居留型： 夏候鸟
野外识别特征： 体型中等的燕。浅栗色腰部和深钢青色上体形成对比，下体白色并具黑色细纹，尾长而分叉深。

生态习性： 以动物性食物为食。栖于低山及平原地区的村庄、城镇等居民住宅区附近。

雀形目

248. 领雀嘴鹎
英文名 /Collared Finchbill   学名 /*Spizixos semitorques*

体长： 16～21 cm

保护级别： 三有 / 无危（LC）

居留型： 旅鸟

野外识别特征： 额、头顶黑色，额基近鼻孔处和下嘴基部各有一小束白羽，颊和耳羽黑色具白色细纹。头两侧略杂以灰白色，后头和颈部逐渐转为深灰色。背、肩、腰和尾上覆羽橄榄绿色，尾上覆羽稍浅淡，尾橄榄黄色具宽阔的暗褐至黑褐色端斑。

生态习性： 杂食性鸟类。主要栖于低山丘陵和山脚平原地区。

刘云鹏 摄

尚帅 摄

249. 白头鹎
英文名 /Light-vented Bulbul
学名 /Pycnonotus sinensis

体长：18～20 cm

保护级别：三有 / 无危（LC）

居留型：留鸟

野外识别特征：体型中等、橄榄色的鹎。眼后白色宽纹延至枕部，黑色头顶略具羽冠，髭纹黑色，颈部白色。幼鸟头部橄榄色，胸部具灰色横纹。

生态习性：杂食性鸟类。栖于低山丘陵和平原地区的灌丛、草地、有零星树木的疏林荒坡、果园、村落、农田地边灌丛、次生林等区域。

雀形目

刘云鹏 摄

杨秀峰 摄

尚帅 摄

孟向东 摄

250. 栗耳短脚鹎
英文名 /Brown-eared Bulbul　　**学名** /*Hypsipetes amaurotis*

体长：27～29 cm

保护级别：三有 / 无危（LC）

居留型：候鸟

野外识别特征：体型较大、灰色的鹎。冠羽略呈针状，耳羽和颈侧栗色。顶冠和枕部灰色，两翼和尾部褐灰色，喉、胸部灰色并具浅色纵纹。腹部偏白色，两胁具灰色点斑，颈部具黑白色横斑。

生态习性：杂食性鸟类。栖于常绿林、落叶林、农耕地和庭院中的树冠层。

251. 黄眉柳莺
英文名 /Yellow-browed Warbler
学名 /*Phylloscopus inornatus*

体长：10～11 cm

保护级别：三有 / 无危（LC）

居留型：旅鸟

野外识别特征：体型较小，体色呈现亮橄榄绿色的柳莺。翼斑呈两道偏白色、眉纹呈纯白或乳白色、顶冠纹不明显。具有白色或者黄绿色的下体部位。较极北柳莺的上体更为鲜亮，具备更鲜亮的翼斑，三级飞羽端部呈现白色。

生态习性：以动物性食物为食。栖息范围较广泛，可以在海拔几米到最高 4000 m 的森林中分布。

周志浩 摄

252. 黄腰柳莺
英文名 /Pallas's Leaf Warbler　　学名 /*Phylloscopus proregulus*

体长：9～10 cm

保护级别：三有 / 无危（LC）

居留型：旅鸟

野外识别特征：体型较小的柳莺。成体上体橄榄绿色，腰部为柠檬黄色，翼斑有两道，浅色，具有灰白色下体部，翼上覆羽和飞羽暗褐色，外翈羽缘黄绿色，中覆羽和大覆羽先端淡芽黄色，粗眉纹和狭窄顶冠纹黄色的。喙黑褐色，下喙基部暗黄色。上体与淡黄腰柳莺相比为绿色更鲜亮，下体黄色更明显。

生态习性：以动物性食物为食。栖于高山森林，夏季可至海拔 4200 m 林线处，越冬于低海拔林地和灌丛。

尚帅 摄

253. 巨嘴柳莺
英文名 /Radde's Warbler   学名 /*Phylloscopus schwarzi*

体长： 12～14 cm
保护级别： 三有 / 无危（LC）
居留型： 旅鸟
野外识别特征： 体型相对较大的柳莺。雌雄羽色相似，纯橄榄褐色。尾部较大而略分叉，厚似山雀。上体包括两翅的内侧飞羽橄榄褐色，尾上覆羽转为棕褐色，两翅的外侧覆羽和飞羽均呈暗褐色，各羽缘以棕褐色；尾羽亦暗褐色，边缘微棕褐色；眉纹或眼圈的上、下部均为棕色；脸侧和耳羽散布深色斑点。两颊与耳羽均为棕色与褐色相混杂。跗跖黄褐色。喉部无纵纹。
生态习性： 杂食性鸟类。栖于海拔 1400 m 以下的低山丘陵和山脚平原地带。

周志浩 摄

范升 摄

254. 褐柳莺
英文名 /Dusky Warbler
学名 /*Phylloscopus fuscatus*

体长：11～12 cm
保护级别：三有 / 无危（LC）
居留型：旅鸟
野外识别特征：体型中等的柳莺。上体暗灰褐色，眉纹前白后黄，下体黄白色，胸部和两胁沾黄褐色。飞羽边缘橄榄绿色。跗细长。指名亚种眉纹沾栗褐色，脸颊无皮黄色，上体深褐色。
生态习性：以动物性食物为食。栖于从山脚平原到海拔 4500 m 的山地森林和林线以上的高山灌丛地带。

杨保根 摄

周志浩 摄

全再明 摄

255. 叽喳柳莺
英文名 /Common Chiffchaff　学名 /*Phylloscopus collybita*

体长：10～11 cm
保护级别：三有 / 无危（LC）
居留型：留鸟
野外识别特征：体形小、绿褐色的柳莺。上体淡绿褐色，上眉纹短而呈淡白色。下体淡白染以皮黄色，尤以胸和两胁显著。翅上无翼斑。两性羽色相似。腰部、尾上覆羽以及飞羽和尾羽的羽缘沾橄榄色，眼圈皮黄色而非白色，两翼较长、尾部分叉，喙和跗跖色深且外侧尾羽羽端无白色。
生态习性：以动物性食物为食。栖于海拔 2000 m 以下的低山、丘陵和山脚平原地带的林地。

马士胜 摄

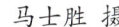

256. 冕柳莺
英文名 /Eastern Crowned Warbler 学名 /*Phylloscopus coronatus*

体长：11～12 cm

保护级别：三有 / 无危（LC）

居留型：旅鸟

野外识别特征：体型中等、橄榄黄色的柳莺。上体橄榄绿色，头顶具偏白色的眉纹和顶冠纹；眼线偏黑色，贯眼纹暗褐色，眉纹黄白色或淡黄色。翅暗褐色，飞羽边缘黄色，翅上有一道淡黄绿色翅斑。下体银白色，上喙黑褐色，下喙角黄白色或黄褐色；跗跖和爪呈现墨绿褐色或铅褐色。仅具一道翼斑、喙较大、顶冠纹和眉纹更偏黄色。

生态习性：以动物性食物为食。栖于 2000 m 以下的山地针叶林、针阔叶混交林和阔叶林及其林缘地带。

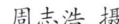

周志浩 摄

257. 双斑绿柳莺
英文名/Two-barred Warbler　学名/*Phylloscopus plumbeitarsus*

体长：11～12 cm
保护级别：三有/无危（LC）
居留型：旅鸟
野外识别特征：体型中等、橄榄绿色的柳莺。具有淡黄色长眉纹，贯眼纹暗褐色，两翅和尾黑褐色，具两道白色或淡黄色翅上翼斑。下体白色沾黄。上嘴黑褐色，下嘴淡黄褐色；跗跖暗褐色。
生态习性：以动物性食物为食。栖于针落叶混交林、白桦林和白杨林及次生灌丛和竹林中。

尚帅 摄

孟向东 摄

周志浩 摄

258. 淡脚柳莺
英文名 /Pale-legged Leaf Warbler
学名 /*Phylloscopus tenellipes*

体长：10～11 cm

保护级别：三有/无危（LC）

居留型：旅鸟

野外识别特征：体型中等、上体大致呈橄榄褐色的柳莺。头部、肩部、背部都呈褐色，接近橄榄色；翅和尾黑褐，中覆羽和大覆羽羽尖浓黄色，并形成两道翅上翼斑；眉纹呈黄白色；贯眼纹黑褐色。下体污白色；腹和尾下覆羽黄色；上嘴暗褐色，下嘴大部呈褐色，基部较淡；跗跖部肉色。

生态习性：以动物性食物为食。栖于丘陵中的茂密林下植被。

刘云鹏 摄

259. 极北柳莺
英文名 /Arctic Warbler
学名 /*Phylloscopus borealis*

体长：12 ～ 13 cm

保护级别：三有 / 无危（LC）

居留型：旅鸟

野外识别特征：体型中等，偏灰橄榄色的柳莺。拥有明显的黄白色长眉纹，上体深橄榄色，带有浅白色翼斑和模糊的第二道翼斑。下体略显白色，两胁为褐橄榄色，眼先和过眼纹近黑色。与黄眉柳莺相比其尾较短、喙较粗大且呈现上弯的特点、头部图纹更为明显。较淡脚柳莺的体色更鲜亮且偏绿色、顶冠颜色更浅。相比乌嘴柳莺其下喙具有较浅的基色。

生态习性：杂食性鸟类。栖于海拔为 400 ～ 1200 m 的稀疏的阔叶林、针叶林、以及针阔叶混交林和灌丛。

260. 黑眉柳莺
英文名 /Sulphur-breasted Warbler　学名 /*Phylloscopus ricketti*

体长：10～11 cm

保护级别：三有 / 无危（LC）

居留型：夏候鸟

野外识别特征：体型较小的柳莺。上体为橄榄绿色，下体和眉纹亮黄色。头顶中央自额基至后颈具有一条淡绿黄色中央冠纹，头顶两侧各有一条黑色侧冠纹，眉纹黄色，贯眼纹黑色。

生态习性：以动物性食物为食。栖于海拔 2000 m 以下的低山山地阔叶林和次生林中，也栖息于混交林、针叶林、林缘灌丛和果园。

马士胜 摄

261. 棕脸鹟莺
英文名 /Rufous-faced Warbler　学名 /*Abroscopus albogularis*

体长：8～10 cm
保护级别：三有 / 无危（LC）
居留型：留鸟
野外识别特征：体型较小而体色艳丽的莺。前额、头侧、颈侧淡茶黄栗色，头顶和枕淡赭榄色或棕褐色，头顶两侧各有一长的黑色纵纹从前额一直延伸到枕侧。背、肩和翅上黄榄绿色，腰淡黄白色。下体白色，颏黄色，喉白色杂以黑色纵纹，形成黑白斑驳状。上嘴褐色或淡褐色，下嘴黄色，脚绿灰色。
生态习性：以动物性食物为食。栖于常绿林和竹林中。

周志浩 摄

耿超 摄

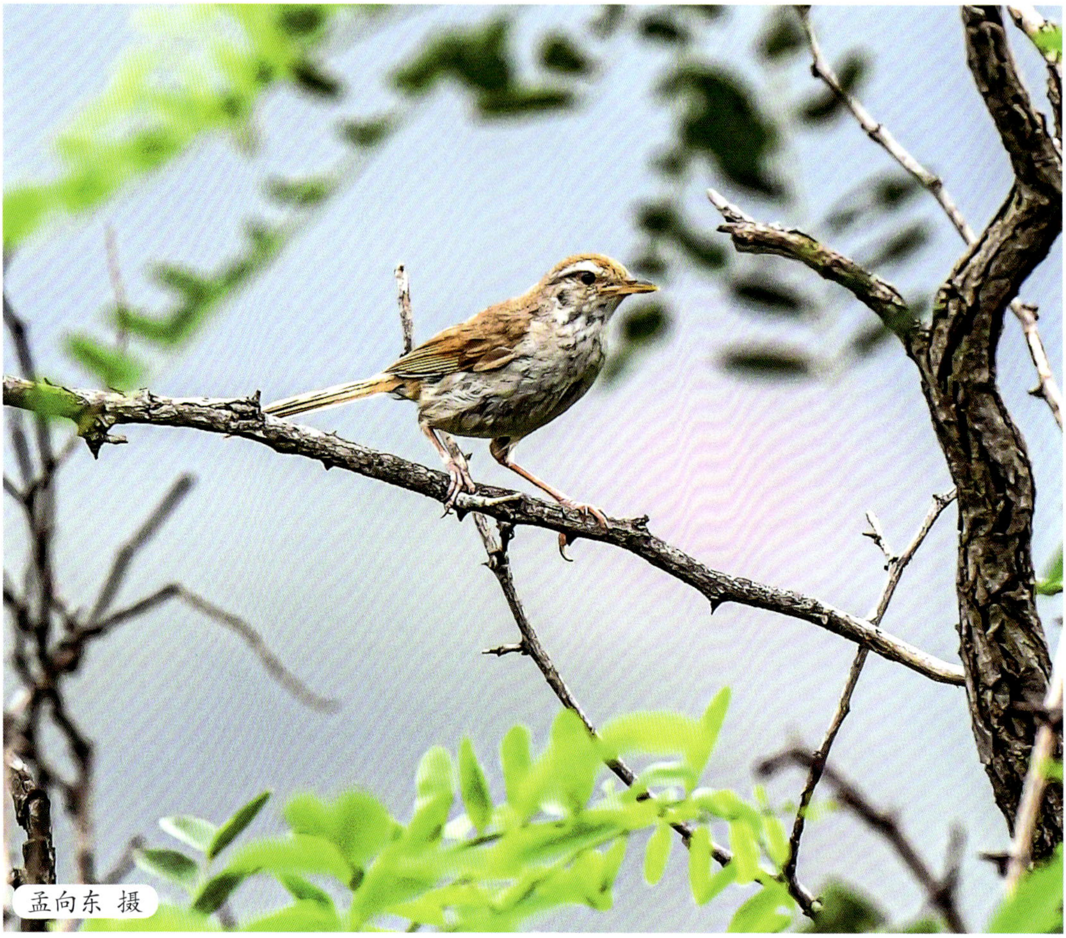
孟向东 摄

262. 远东树莺
英文名 /Manchurian Bush Warbler
学名 /*Horornis canturians*

耿超 摄

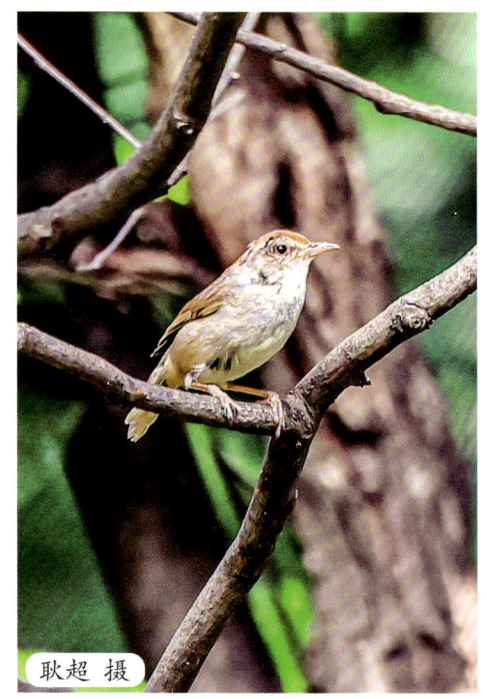

体长：15 ～ 18 cm

保护级别：三有 / 无危（LC）

居留型：旅鸟

野外识别特征：体型较大、棕色的树莺。具有显著的皮黄色眉纹，眼纹深褐，无翼斑或顶纹。无翼斑，无顶冠纹。雌鸟体型比雄鸟小。虹膜为褐色；上嘴褐色，下嘴色浅；脚为粉红色。

生态习性：杂食性鸟类。栖于次生灌丛。

263. 鳞头树莺
英文名/Asian Stubtail　学名/*Urosphena squameiceps*

体长：9～11 cm

保护级别：三有/无危（LC）

居留型：夏候鸟

野外识别特征：体型较小的树莺。尾部极短，上体棕褐色或橄榄褐色，额和头顶羽毛圆短。眉纹细长较明显，呈白色或淡皮黄色；两支覆羽和飞羽暗褐色，外缘棕褐色；颏、喉和腹等下体污白色，胸缀皮黄色或棕色，两胁棕色或棕褐色；上嘴褐色，下嘴肉色或黄褐色，脚粉红白色或黄白色。

生态习性：以动物性食物为食。栖于针叶林和落叶林中的地面或近地面茂密植被中。

范升 摄

时银川 摄

孟向东 摄

264. 北长尾山雀
英文名 /Long-tailed Tit   学名 /*Aegithalos caudatus*

体长：13 ~ 16 cm

保护级别：三有 / 无危（LC）

居留型：留鸟

野外识别特征：体型小的长尾山雀。体羽蓬松，具细小的黑色喙和极长的黑色尾部，尾部边缘白色。各亚种间存在差异。虹膜深褐色，眼周裸露皮肤偏红色。

生态习性：杂食性鸟类。栖于灌丛丰富的阔叶林、混交林，也会出现于城市园林中。

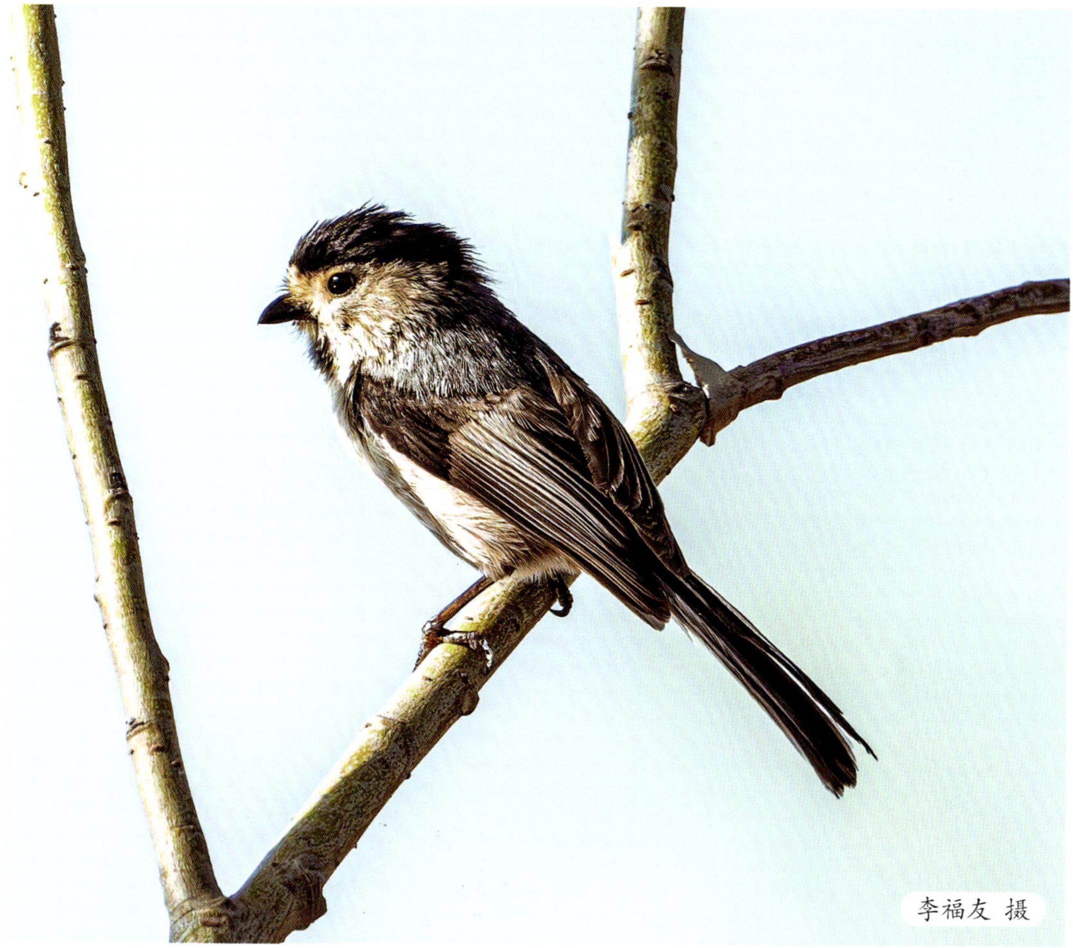

李福友 摄

尚帅 摄

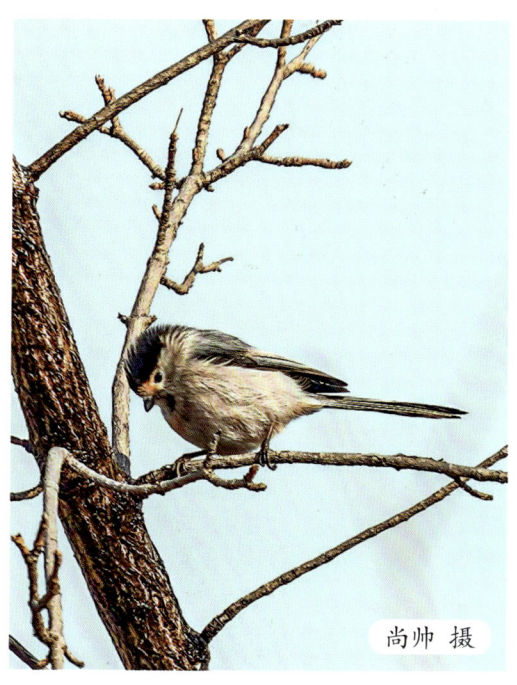

265. 银喉长尾山雀

英文名 /Silver-throated Bushtit

学名 /*Aegithalos glaucogularis*

体长：13 ～ 16 cm

保护级别：三有 / 无危（LC）

居留型：留鸟

野外识别特征：体型小的长尾山雀。体羽、喙、尾部及尾部边缘白色等特征几乎都与北长尾山雀无异，曾被视作北长尾山雀的亚种，区别为具宽阔黑色眉纹、褐色和黑色翼斑、下体沾粉色。

生态习性：杂食性鸟类。栖于山地针叶林或针阔叶混交林。

266. 山鹛
英文名 /Beijing Hill-warbler **学名** /*Rhopophilus pekinensis*

体长：16～18 cm
保护级别：三有 / 无危（LC）
居留型：留鸟
野外识别特征：体型大、尾长的大型莺。雌雄羽色相似，上体呈沙黄色，头顶多为栗色，少量灰色；腰部以下及全身则为沙褐色，纵纹不明显。眉纹呈棕灰白或白色；下体的颏、喉、胸和腹部为白色，有时略带灰白或皮黄色；颈侧有淡棕色纵纹。嘴角呈褐色或灰褐色，下嘴肉质部分为黄色或粉黄色，脚部则是灰褐色或棕褐色。
生态习性：杂食性鸟类。栖于灌丛、滨海湿地等区域。

刘兆瑞 摄

尚帅 摄

267. 棕头鸦雀
英文名 /Vinous-throated Parrotbill
学名 /*Sinosuthora webbiana*

体长：11 ~ 13 cm

保护级别：三有 / 无危（LC）

居留型：留鸟

野外识别特征：纤细的棕粉褐色鸦雀。头部粉褐色，头顶和飞羽棕红色；尾暗褐色，颏、喉和胸部粉棕色且具细的暗棕色纵纹；嘴粗短，灰褐色而尖端色浅；脚棕褐色或铅褐色。雌雄体型一致。

生态习性：杂食性鸟类。栖于中、低山阔叶林和混交林林缘灌丛或山顶灌丛，也见于公园、苗圃和农田。

雀形目

刘云鹏 摄

268. 震旦鸦雀
英文名 /Reed Parrotbill
学名 /*Paradoxornis heudei*

体长：18～20 cm
保护级别：国家二级 / 近危（NT）
居留型：留鸟
野外识别特征：体型中等的鸦雀。其前额、头顶、枕后颈处呈蓝灰或灰色调，喙粗壮而弯曲，黄色显著，同时伴有黑色的眉纹。头侧与耳羽为灰白色。颜面、喉部及腹部中央近似白色，两胁则为黄褐色，并拥有纤细的白色眼圈。肩羽为浓烈的黄褐色，飞羽色调较浅，三级飞羽带有黑色的痕迹。其虹膜为红褐色，跗跖则呈现出粉黄色。
生态习性：杂食性鸟类。集小群栖于芦苇地中。

尚帅 摄

杨秀峰 摄

269. 红胁绣眼鸟
英文名 /Chestnut-flanked White-eye   学名 /*Zosterops erythropleurus*

体长：11～13 cm

保护级别：国家二级 / 无危（LC）

居留型：候鸟

野外识别特征：体型中等的绿色绣眼鸟。全身绿色，腹灰白色；其眼周具有明显的白色圈，白色衬绿色特别明显；胁部呈现出不显著的栗红色。雌性和雄性外观相似，但雌性的胁部栗红色不及雄鸟浓重，略呈黄褐色。嘴为褐色，下嘴在春季为蓝色，其他时候则呈肉色，跗跖为灰色。

生态习性：杂食性鸟类。栖于低山丘陵至山脚平原的阔叶林和次生林中。

雀形目

270. 暗绿绣眼鸟
英文名 /Swinhoe's White-eye
学名 /*Zosterops simplex*

体长：10～12 cm

保护级别：三有 / 无危（LC）

居留型：候鸟

野外识别特征：体型中等的绣眼鸟。从额基至尾上覆羽呈现草绿或暗黄绿色；耳区和颊黄绿色，颏、喉、颈侧和上胸鲜黄色，下胸及腹部灰白色，白色眼圈明显，额基黄色；胸部和两胁灰色，腹部白色。嘴黑色，下嘴基部稍淡，脚暗铅色或灰黑色；雌雄同型。

生态习性：杂食性鸟类。栖于中低山地、丘陵和平原的树林、灌丛和果园等生境中。

李福友 摄

刘云鹏 摄

271. 欧亚旋木雀
英文名 /Eurasian Treecreeper   学名 /*Certhia familiaris*

体长：12 ～ 14 cm
保护级别：三有 / 无危（LC）
居留型：留鸟
野外识别特征：体型较小的斑驳褐色旋木雀。其下体呈现白色或皮黄色，两侧略带棕色，尾覆羽棕色。
生态习性：杂食性鸟类。栖于山地针叶林和针阔叶混交林、阔叶林和次生林。

马士胜 摄

孟向东 摄

周志浩 摄

272. 黑头䴓
英文名 /Chinese Nuthatch　学名 /*Sitta villosa*

体长：10～11 cm

保护级别：三有 / 无危（LC）

居留型：旅鸟

野外识别特征：体型较小的䴓。具白色眉纹和黑色细贯眼纹。雄鸟顶冠黑色，雌鸟新羽顶冠灰色。上体余部浅紫灰色。喉部和脸侧偏白色，下体余部灰黄色或黄褐色。

生态习性：主要以动物性食物为食。栖于针叶林及针阔混交林中。

273. 鹪鹩
英文名 /Eurasian Wren   学名 /*Troglodytes troglodytes*

体长：9～11 cm
保护级别：三有 / 无危（LC）
居留型：旅鸟
野外识别特征：体型纤细、褐色似鹛的雀。具横纹和点斑，尾部常上翘，喙细。体羽深黄褐色并具特征性狭窄黑色横斑和模糊皮黄色眉纹。
生态习性：主要以动物性食物为食。栖于森林、灌木丛、小城镇和郊区的花园、农场等。

祖麟 摄   李强 摄

雀形目

274. 八哥
英文名 /Crested Myna
学名 /*Acridotheres cristatellus*

体长：23 ～ 28 cm

保护级别：三有 / 无危（LC）

居留型：旅鸟

野外识别特征：体型较大、黑色的八哥。具明显羽冠。与林八哥的区别为羽冠较长、喙基部红色或粉色、尾端白色狭窄且尾下覆羽具黑白色横纹。虹膜橙色，跗跖暗黄色。

生态习性：杂食性鸟类。栖于旷野、城镇和庭院。

祖麟 摄

275. 丝光椋鸟
英文名 /Red-billed Starling 学名 /Spodiopsar sericeus

体长：20～23 cm

保护级别：三有 / 无危（LC）

居留型：旅鸟

野外识别特征：体型较大的灰、黑、白色的椋鸟。喙红色而喙端黑色。两翼和尾部亮黑色，飞行时初级飞羽白斑明显可见，头部具偏白色丝状羽，上体余部灰色。虹膜黑色，跗跖暗橙色。

生态习性：主要以动物性食物为食。栖于次生林和稀树草坡等地带，尤以农田、道旁和村落附近的稀疏林间常见。

胡业杲 摄

276. 灰椋鸟
英文名 /White-cheeked Starling
学名 /*Spodiopsar cineraceus*

体长：19～23 cm

保护级别：三有 / 无危（LC）

居留型：留鸟

野外识别特征：体型中等、灰褐色的椋鸟。头部黑色，头侧具白色纵纹。腰部、臀部、外侧尾羽羽端和次级飞羽上的狭窄横纹均为白色。虹膜偏红色，喙黄色而喙端黑色，跗跖暗橙色。

生态习性：杂食性鸟类。栖于低山丘陵至平原的疏林、草甸或农田。

李福友 摄

周志浩 摄

雀形目

277. 北椋鸟

英文名 /**Daurian Starling**　学名 /*Agropsar sturninus*

体长：16～19 cm

保护级别：三有 / 无危（LC）

居留型：旅鸟

野外识别特征：体型较小的椋鸟。背部深色。雄鸟背部泛亮紫色光泽，两翼泛墨绿色光泽并具明显的白色翼斑，头、胸部灰色，枕部具黑斑，腹部白色。与紫背椋鸟的区别为斑黑色且颈侧无栗色。雌鸟上体烟灰色，枕部具褐色点斑，两翼和尾部黑色。幼鸟浅褐色，下体斑驳褐色。

生态习性：杂食性鸟类。栖于阔叶林或田野内。

278. 紫翅椋鸟
英文名 /Common Starling
学名 /Sturnus vulgaris

体长：19～22 cm
保护级别：三有/无危（LC）
居留型：旅鸟
野外识别特征：体型中等、偏黑色的椋鸟。具绿紫金属光泽和不同程度的白色点斑。新羽点斑呈矛状，羽缘锈色形成扇贝状纹，蚀羽点斑多数消失。虹膜深褐色，喙黄色，跗跖偏红色。
生态习性：杂食性鸟类。栖于果园、耕地，或开阔多树的村庄内。

周志浩 摄

279. 白眉地鸫
英文名 /Siberian Thrush   学名 /*Geokichla sibirica*

体长：20～23 cm
保护级别：三有 / 无危（LC）
居留型：旅鸟
野外识别特征：具独特而明显的眉纹。雄鸟：体羽青灰黑色眉纹白色，尾羽羽端和臀部白色。雌鸟：橄榄褐色，下体皮黄白色和赤褐色，眉纹皮黄白色。飞行时可见翼下两道白色宽斑。跗跖黄色。
生态习性：杂食性鸟类。栖于森林地面和树冠。

周志浩 摄

280. 虎斑地鸫
英文名 /White's Thrush 学名 /*Zoothera aurea*

体长：25～27 cm

保护级别：三有 / 无危（LC）

居留型：旅鸟

野外识别特征：具鳞状斑的褐色鸫。上体褐色，下体白色，通体布满黑色和皮黄金色羽缘形成的鳞状斑。

生态习性：杂食性鸟类。栖于密林、滨海湿地等区域。

马士胜 摄

281. 灰背鸫
英文名 /Grey-backed Thrush
学名 /*Turdus hortulorum*

体长：19～23 cm
保护级别：三有 / 无危（LC）
居留型：旅鸟
野外识别特征：体型较小、灰色的鸫。两胁棕色。雄鸟：上体全灰色，喉部灰色或偏白色，胸部灰色，腹部中央和尾下覆羽白色，两胁和翼下橙色。雌鸟：上体偏褐色，胸部白色并具黑色锯齿状点斑。
生态习性：杂食性鸟类。栖于常绿阔叶林、杂木林、人工松树林、林缘疏林草坡、果园和农田地带。

梁向明 摄

周志浩 摄

282. 乌鸫

英文名 /Chinese Blackbird
学名 /*Turdus mandarinus*

体长：28～29 cm

保护级别：三有 / 无危（LC）

居留型：留鸟

野外识别特征：体型较大、通体深色的鸫。雄鸟：通体黑色，喙橙黄色，眼圈色略浅，跗跖黑色。雌鸟：上体黑褐色，下体深褐色，喙暗绿黄色至黑色。

生态习性：杂食性鸟类。栖于林下灌丛草地。

尚帅 摄

283. 白眉鸫
英文名 /Eyebrowed Thrush
学名 /*Turdus obscurus*

体长：22～24 cm

保护级别：三有 / 无危（LC）

居留型：冬候鸟

野外识别特征：体型中等、褐色的鸫。具明显白色眉纹。上体橄榄褐色，头部深灰色，胸部褐色，腹部白色而两侧沾赤褐色。雌鸟头部偏褐色，喉部和颊部具白色细纹。

生态习性：杂食性鸟类。栖于开阔林地和次生林。

周志浩 摄

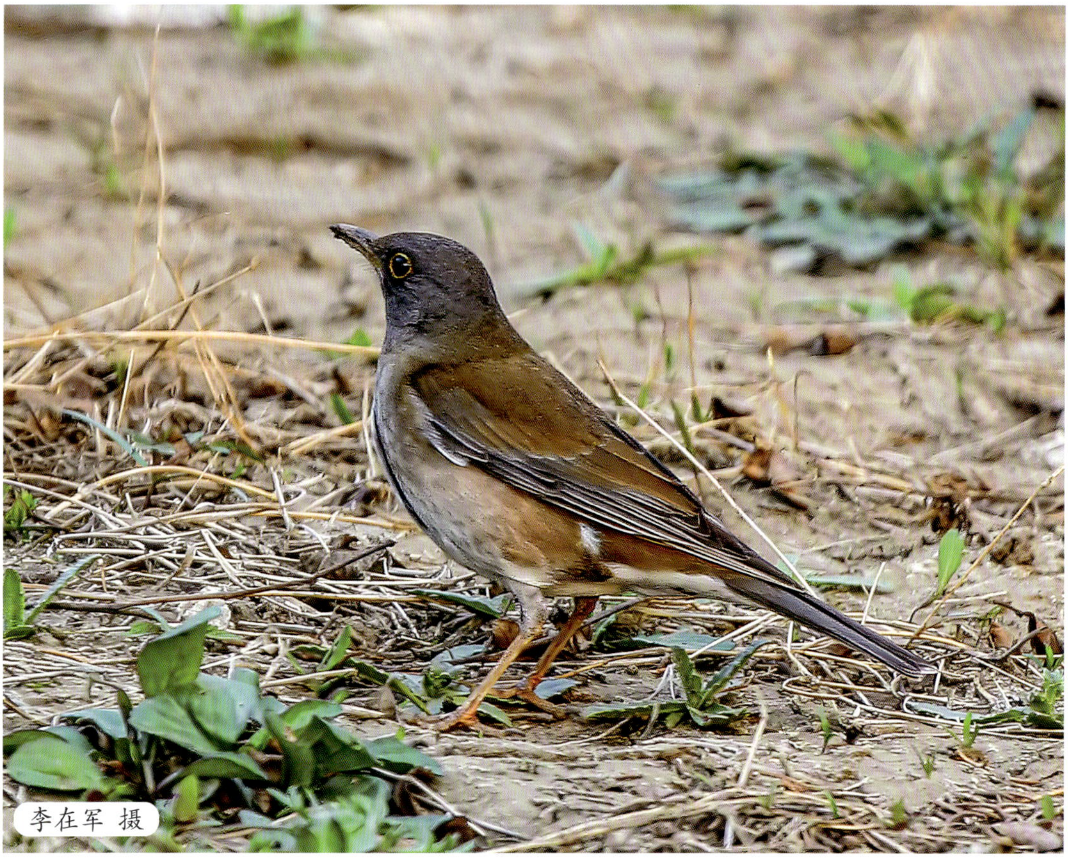

李在军 摄

孟向东 摄

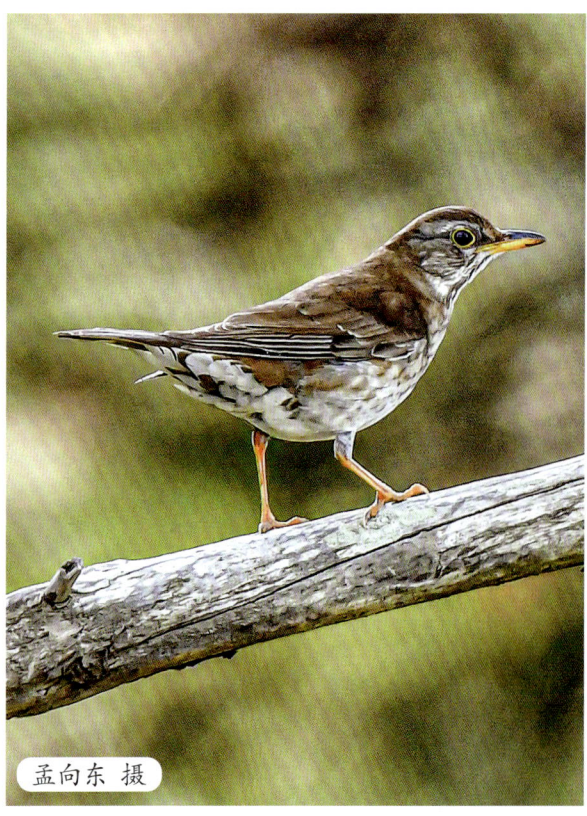

284. 白腹鸫

英文名 /Pale Thrush

学名 /*Turdus pallidus*

体长： 22 ～ 24 cm

保护级别： 三有 / 无危（LC）

居留型： 旅鸟

野外识别特征： 体型中等、褐色的鸫。腹部和臀部白色。雄鸟：头部和喉部灰褐色。雌鸟：头部褐色而喉部偏白色并略具细纹。翼下覆羽灰色或白色。

生态习性： 杂食性鸟类。栖于森林、次生林、公园和庭院。

285. 赤胸鸫
英文名 /Brown-headed Thrush　学名 /*Turdus chrysolaus*

体长：22～24 cm

保护级别：三有 / 无危（LC）

居留型：夏候鸟

野外识别特征：体型中等、暖褐色的鸫。腹部和臀部白色。上体、两翼和尾部纯褐色。雄鸟：头部和喉部偏灰色。雌鸟：头部褐色而喉部偏白色。两性胸部和两胁均为黄褐色。

生态习性：杂食性鸟类。栖于灌丛、林地和稀树开阔地。

马士胜 摄

286. 赤颈鸫
英文名 /Red-throated Thrush
学名 /*Turdus ruficollis*

体长：22～26 cm

保护级别：三有 / 无危（LC）

居留型：旅鸟

野外识别特征：上体纯灰褐色，腹部和臀部纯白色，翼下覆羽棕色。脸部、喉部和上胸棕色，冬羽具白斑，尾羽色浅而羽缘棕色。

生态习性：杂食性鸟类。栖于各种类型的森林中。

梁向明 摄

李在军 摄

287. 红尾斑鸫
英文名 /Naumann's Thrush
学名 /*Turdus naumanni*

体长：22～25 cm

保护级别：三有 / 无危（LC）

居留型：冬候鸟

野外识别特征：体型中等、具明显黑白色图纹的偏红色鸫。具浅棕色翼下覆羽和棕色宽阔翼斑。似斑鸫并有时与之混群，区别为尾部偏红色、下体和眉纹橙色。

生态习性：杂食性鸟类。栖于开阔草地和田野。

梁向明 摄

雀形目

杨秀峰 摄

杨秀峰 摄

288. 斑鸫
英文名 /Dusky Thrush
学名 /*Turdus eunomus*

体长：22～25 cm

保护级别：三有 / 无危（LC）

居留型：旅鸟

野外识别特征：体型中等、具黑白色图纹的鸫。具浅棕色翼下覆羽和棕色宽阔翼斑。雄鸟：黑色的耳羽和胸斑与白色的喉部、眉纹以及臀部形成对比。雌鸟：似雄鸟，体羽为暗淡的褐色和皮黄色，下胸黑色点斑较小。

生态习性：主要以动物性食物为食。栖于开阔草地和田野。

梁向明 摄

范升 摄

289. 宝兴歌鸫
英文名 /Chinese Thrush
学名 /Turdus mupinensis

体长：20～24 cm
保护级别：三有 / 无危（LC）
居留型：旅鸟
野外识别特征：体型中等的鸫。上体褐色，下体皮黄色并具明显黑色点斑。
生态习性：主要以动物性食物为食。栖于林下灌丛。

梁向明 摄

290. 灰纹鹟
英文名 /Grey-streaked Flycatcher　学名 /*Muscicapa griseisticta*

体长：13～15 cm

保护级别：三有 / 无危（LC）

居留型：旅鸟

野外识别特征：体型较小、褐灰色的鹟。眼圈白色，下体白色，胸部和两胁布满深灰色纵纹。额部具一狭窄白色横带，白色翼斑狭窄。两翼长，翼尖几乎至尾端。

生态习性：以动物性食物为食。栖于密林、开阔林、林缘以及城市公园的近溪流处。

周志浩 摄

291. 乌鹟
英文名 /Dark-sided Flycatcher
学名 /*Muscicapa sibirica*

体长：12～14 cm

保护级别：三有 / 无危（LC）

居留型：旅鸟

野外识别特征：体型较小、烟灰色的鹟。两胁深色。上体深灰色并具不明显的皮黄色翼斑，下体白色两胁具烟灰色杂斑，上胸具斑驳灰色胸带，白色眼圈明显，喉部白色，通常具白色半领环，颊部具黑色细纹。翼尖延至尾部三分之二处。

生态习性：杂食性鸟类。栖于山地或山森林中的林下植被层和中间层。

292. 北灰鹟
英文名 /Asian Brown Flycatcher　学名 /*Muscicapa dauurica*

体长：11 ~ 13 cm

保护级别：三有 / 无危（LC）

居留型：旅鸟

野外识别特征：体型小、灰褐色的鹟。上体灰褐色，下体偏白色，胸侧和两胁褐灰色，眼圈白色，冬季眼先偏白色。新羽具狭窄白色翼斑，翼尖延至尾部二分之一处。

生态习性：杂食性鸟类。栖于次生林、林缘疏林灌丛和农田地中。

尚帅 摄

刘云鹏 摄

293. 白腹蓝鹟
英文名 /Blue-and-white Flycatcher
学名 /*Cyanoptila cyanomelana*

体长：14～17 cm
保护级别：三有 / 无危（LC）
居留型：旅鸟
野外识别特征：体型较大的鹟。蓝、黑、白色，具特征性偏黑、青蓝色脸、喉部和上胸，外侧尾羽基部白色，深色胸部与白色腹部边界清晰。雌鸟上体灰褐色，两翼和尾部褐色，喉部中央和腹部白色。
生态习性：动物性食物为主。栖于原始林和次生林。

孟向东 摄

周志浩 摄

294. 蓝歌鸲
英文名 /Siberian Blue Robin　　学名 /*Larvivora cyane*

体长：12～14 cm

保护级别：三有 / 无危（LC）

居留型：旅鸟

野外识别特征：体型中等的鸲。雄鸟：主色蓝、白，上体青灰蓝色，宽阔黑色贯眼纹延至颈侧和胸侧，下体白色。雌鸟：上体橄榄褐色，喉、胸部褐色并具皮黄色鳞状斑，腰部和尾上覆羽沾蓝色。幼鸟和部分雌鸟的尾部和腰部具些许蓝色。

生态习性：以动物性食物为主。栖于密林中的地面或近地面处。

周志浩 摄　　马士胜 摄　　孟向东 摄

295. 红尾歌鸲
英文名 /Rufous-tailed Robin 学名 /*Larvivora sibilans*

体长： 13～15 cm

保护级别： 三有 / 无危（LC）

居留型： 旅鸟

野外识别特征： 体型中等的鸲。体形优雅，上体橄榄褐色，尾部棕色，下体偏白色，胸部具橄榄色扇贝状纹。

生态习性： 以动物性食物为主。栖于林中茂密有荫处的地面或低矮植被覆盖处。

李在军 摄

周志浩 摄

296. 蓝喉歌鸲
英文名 /Bluethroat   学名 /Luscinia svecica

体长：14～16 cm

保护级别：国家二级 / 无危（LC）

居留型：旅鸟

野外识别特征：体型中等的鸲。雄鸟：体色艳丽，具偏白色眉纹和特征性栗、蓝、黑、白色喉部。上体灰褐色，下体白色，尾部深褐色，外侧尾羽基部棕色在飞行时可见。雌鸟：喉部白色而无栗色和蓝色，黑色细颊纹与黑色点斑形成的胸带相连。幼鸟暖褐色并具锈黄色点斑。

生态习性：以动物性食物为主。栖于近水的茂密植被处。

297. 红喉歌鸲
英文名 /Siberian Rubythroat   学名 /*Calliope calliope*

体长：15～17 cm
保护级别：国家二级 / 无危（LC）
居留型：旅鸟
野外识别特征：体型中等的鸲。体型丰满，具明显的白色眉纹和颊纹。上体褐色，尾部棕色，两胁皮黄色，腹部皮黄白色。雌鸟：胸带偏褐色，头部具独特黑白色条纹。雄鸟：具特征性红色喉部。
生态习性：以动物性食物为主。栖于原生林和次生林中的灌丛。

尚帅 摄

298. 红胁蓝尾鸲
英文名 /Orange-flanked Bush-robin　学名 /*Tarsiger cyanurus*

体长：12～14 cm

保护级别：三有 / 无危（LC）

居留型：旅鸟

野外识别特征：体型较小的鸲。喉部白色为显著特征，橙色两胁与白色的腹部和臀部形成对比，尾部蓝色。雄鸟上体蓝色，眉纹白色。幼鸟和雌鸟褐色。

生态习性：以动物性食物为主。栖于潮湿山地森林和次生林的低矮林下植被处。

周志浩 摄　　尚帅 摄

梁向明 摄

299. 紫啸鸫
英文名/Blue Whistling Thrush
学名/*Myophonus caeruleus*

体长：29～35 cm

保护级别：三有/无危（LC）

居留型：旅鸟

野外识别特征：体型较大的鸫。通体蓝黑色，仅翼覆羽具少许浅色点斑。两翼和尾部具紫色金属光泽，头、颈部羽端具小型闪烁点斑。

生态习性：以动物性食物为主。栖于近河流、溪流或密林中的裸岩处。

300. 白眉姬鹟

英文名 /Yellow-rumped Flycatcher　学名 /*Ficedula zanthopygia*

体长：12～14 cm

保护级别：三有 / 无危（LC）

居留型：旅鸟

野外识别特征：体型较小的鹟。雄鸟：腰部、喉部、胸部和上腹部黄色，眉纹、翼斑、下腹部和尾下覆羽白色，余部黑色。雌鸟：上体暗褐色，下体色较浅，腰部暗黄色。

生态习性：以动物性食物为主。栖于近水灌丛和树丛。

马士胜 摄

李福友 摄

李在军 摄

301. 黄眉姬鹟
英文名 /Narcissus Flycatcher
学名 /Ficedula narcissina

体长：13～14 cm

保护级别：三有 / 无危（LC）

居留型：旅鸟

野外识别特征：体型较小的鹟。雄鸟：上体黑色，腰部黄色，具白色翼斑和特征性黄色眉纹，下体多为橙黄色。雌鸟：上体橄榄灰色，尾部棕色，下体浅褐色沾黄色。

生态习性：以动物性食物为主。栖于山地阔叶林、针阔叶混交林和林缘地带。

马士胜 摄

杨保根 摄

朱星辉 摄

302. 鸲姬鹟
英文名 /Mugimaki Flycatcher　学名 /*Ficedula mugimaki*

体长：12～14 cm

保护级别：三有 / 无危（LC）

居留型：旅鸟

野外识别特征：体型较小的鹟。雄鸟：上体灰黑色，眼后具白色半眉纹，白色翼斑明显，尾基羽缘亦为白色，喉、胸部和腹侧橙色。雌鸟：上体包括腰部均为褐色，下体似雄鸟但色浅，尾部无白色。幼鸟上体纯褐色，下体和翼斑皮黄色腹部白色。

生态习性：以动物性食物为食。栖于林缘、林间空地和丘陵森林的树冠。

303. 红喉姬鹟
英文名 /Taiga Flycatcher   学名 /*Ficedula albicilla*

体长：12～14 cm

保护级别：三有 / 无危（LC）

居留型：旅鸟

野外识别特征：体型较小的鹟。褐色，尾部色暗而尾基外侧明显白色。雄鸟：繁殖羽喉部橙色，胸部铅灰色腹部白色，但该羽饰在越冬地罕见。雌鸟：和雄鸟非繁殖羽暗灰褐色、颏部偏白色，并具白色狭窄眼圈。

生态习性：以动物性食物为主。栖于林缘及河岸的较小树木上。

周志浩 摄

周志浩 摄

304. 赭红尾鸲
英文名 /**Black Redstart**
学名 /*Phoenicurus ochruros*

体长：14～15 cm

保护级别：三有 / 无危（LC）

居留型：迷鸟

野外识别特征：体型中等、深红色的尾鸲。雄鸟通常头部、颏部、胸部上方、背部、两翼、中央尾羽均为黑色，顶冠和枕部灰色，胸部下方、腹部、尾下覆羽、腰部和外侧尾羽棕色。

生态习性：以动物性食物为主。栖于家舍周围、庭院和农田中。

305. 北红尾鸲
英文名 /Daurian Redstart　学名 /*Phoenicurus auroreus*

体长：13～15 cm
保护级别：三有 / 无危（LC）
居留型：旅鸟
野外识别特征：体型中等的鸲。体色艳丽，具明显的宽阔白色翼斑。雄鸟：眼先、头侧、部、翕部和两翼褐黑色，顶冠和枕部灰色并具银色边缘，体羽余部栗褐色，中央尾羽深黑褐色。雌鸟：褐色，眼圈和尾部皮黄色似雄鸟，但体色较暗淡。
生态习性：杂食性鸟类。夏季栖于亚高山森林、灌丛和林间空地，冬季栖于低海拔落叶灌丛和耕地。

尚帅 摄

张廷芳 摄

306. 红尾水鸲
英文名 /Plumbeous Water Redstart　学名 /*Phoenicurus fuliginosus*

体长：12～14 cm

保护级别：三有 / 无危（LC）

居留型：旅鸟

野外识别特征：两性异型的小型鸲。雄鸟：腰部、臀部和尾部栗褐色，体羽余部深青灰蓝色。雌鸟：上体灰色，眼圈色浅，下体白色并具灰色羽缘形成的鳞状斑，臀部、腰部和外侧尾羽基部白色，其余尾羽和两翼黑色，翼覆羽和三级飞羽羽端具狭窄白色。

生态习性：以动物性食物为主。栖于多石的溪流和河流两旁及水中砾石上。

马士胜 摄

孟向东 摄

孟向东 摄

307. 蓝矶鸫
英文名 /Blue Rock Thrush
学名 /*Monticola solitarius*

体长：20～23 cm
保护级别：三有 / 无危（LC）
居留型：旅鸟
野外识别特征：体型中等、青灰色的矶鸫。雄鸟：暗蓝灰色，具浅黑色和偏白色的鳞状斑，腹部和尾下深栗色。雌鸟：上体灰色沾蓝色，下体皮黄色并布满黑色鳞状斑。幼鸟似雌鸟，但上体具黑白色鳞状斑。
生态习性：以动物性食物为主。栖于突出部，如岩石、房屋柱子和枯树上。

雀形目

马士胜 摄

梁向明 摄

308. 东亚石䳭

英文名 /Stejneger's Stonechat
学名 /*Saxicola stejnegeri*

体长：13～15 cm

保护级别：三有 / 缺乏数据（DD）

居留型：旅鸟

野外识别特征：体型中等的䳭。体色分明，尾短。极似黑喉石䳭，曾作为其一个亚种。雄鸟头部纯黑色，白色颈圈明显，胸部棕色较少。雌鸟胸部色极浅，几乎不沾红色。雄鸟非繁殖羽似雌鸟但头部仍偏黑色。

生态习性：以动物性食物为主。栖于滨海湿地、芦苇丛等区域。

张廷芳 摄

刘云鹏 摄

尚帅 摄

李福友 摄

309. 白喉矶鸫
英文名 /White-throated Rock Thrush　学名 /*Monticola gularis*

体长：17～18 cm

保护级别：三有 / 无危（LC）

居留型：旅鸟

野外识别特征：雄鸟头顶和翅上覆羽钴蓝色，背、两翅和尾黑色具白色翅斑，腰和下体栗色，喉白色。雌鸟上体橄榄褐色具黑色鳞状斑，两翅和尾灰褐色，头顶灰褐色，喉白色，其余下体棕白色具黑色鳞状斑。

生态习性：以动物性食物为主。主要栖于针阔叶混交林、滨海湿地等区域。

周志浩 摄

310. 戴菊
英文名 /Goldcrest　学名 /*Regulus regulus*

体长：9～10 cm

保护级别：三有 / 无危（LC）

居留型：冬候鸟

野外识别特征：体型较小，呈现橄榄绿色。雄鸟羽色深，雌鸟略暗淡；前额基部灰白色，额灰黑色或灰橄榄绿色；头顶中央有一前窄后宽的橙色斑。眼周和眼后上方灰白或乳白色，其余头侧、后颈和颈侧灰橄榄绿色。尾黑褐色，外翈橄榄黄绿色，两翅覆羽和飞羽黑褐色；下体污白色，羽端沾有少许黄色，体侧沾橄榄灰色或褐色；嘴黑色，脚淡褐色。

生态习性：杂食性鸟类。栖于针叶林和混交林。

李福友 摄

311. 太平鸟

英文名 /Bohemian Waxwing
学名 /*Bombycilla garrulus*

体长：18～23 cm

保护级别：三有 / 无危（LC）

居留型：冬候鸟

野外识别特征：体型较大、粉褐色的太平鸟。与小太平鸟可通过尾端为黄色而非绯红色来简单区别。尾下覆羽栗色，初级飞羽端部外侧黄色形成黄色翼斑，三级飞羽羽端和外侧覆羽羽端白色形成白色翼斑。成鸟次级飞羽羽端具红色蜡状斑。

生态习性：杂食性鸟类。栖于针叶林、针阔叶混交林和杨桦林中。

雀形目

尚帅 摄

孟向东 摄

312. 小太平鸟
英文名 /Japanese Waxwing　学名 /*Bombycilla japonica*

体长：17～20 cm

保护级别：三有 / 近危（NT）

居留型：冬候鸟

野外识别特征：体型较小的太平鸟。尾端为明显的绯红色。与太平鸟的其他区别为黑色贯眼纹绕羽冠延至头后且臀部绯红色、次级飞羽羽端绯红色但无蜡状斑、无黄色翼斑。

生态习性：杂食性鸟类。栖于海拔 900 m 以下的低山、丘陵和平原地区的针叶林、阔叶林中。

313. 领岩鹨
英文名 /Alpine Accentor　学名 /*Prunella collaris*

体长：15 ～ 18 cm
保护级别：三有 / 无危（LC）
居留型：冬候鸟
野外识别特征：体型较大的岩鹨。褐色，体具纵纹，黑色大覆羽和其白色羽端形成两道点状翼斑。头部和下体中央烟褐色，两胁浓栗色并具纵纹，尾下覆羽黑色而羽缘白色，喉部白色并具黑色点斑形成的横斑。褐色初级飞羽和其棕色羽缘形成翼斑。尾部深褐色而尾端白色。幼鸟下体褐灰色并具黑色纵纹。喙偏黑色而下喙基黄色，跗跖红褐色。
生态习性：以动物性食物为主。栖于针叶林带及多岩地带或灌木丛中。

朱星辉 摄

孟向东 摄

314. 棕眉山岩鹨
英文名 /Siberian Accentor
学名 /Prunella montanella

体长：15～16 cm

保护级别：三有/无危（LC）

居留型：冬候鸟

野外识别特征：体型较小的岩鹨。斑驳褐色，具明显头部图纹，头顶和头侧偏黑色，余部赭黄色。虹膜黄色，喙角质色，跗跖暗黄色。

生态习性：以动物性食物为主。栖于林下植被和灌丛中。

马士胜 摄

315. 山麻雀
英文名 /Russet Sparrow
学名 /*Passer cinnamomeus*

体长：12～14 cm

保护级别：三有 / 无危（LC）

居留型：旅鸟

野外识别特征：体型较小的麻雀。体色亮丽。雄鸟：顶冠和上体为亮棕黄色或栗色，翕部具纯黑色纵纹，喉部黑色，脸颊污白色。雌鸟：体色较暗，并具宽阔深色贯眼纹和乳白色长眉纹。

生态习性：杂食性鸟类。集群于高原开阔林、林地或近耕地的灌丛。

刘云鹏 摄

316. 麻雀
英文名 /Eurasian Tree Sparrow　　学名 /*Passer montanus*

体长：12～15 cm

保护级别：三有 / 无危（LC）

居留型：留鸟

野外识别特征：生性活跃，顶冠和枕部褐色，两性相似。成鸟上体褐色，下体皮黄灰色，枕部具完整灰白色领环。幼鸟似成鸟，但体色较暗淡，喙基黄色。

生态习性：杂食性鸟类。栖于树梢、房檐和农田。

刘云鹏 摄

周志浩 摄

雀形目

317. 山鹡鸰
英文名 /Forest Wagtail　学名 /*Dendronanthus indicus*

体长：16～18 cm

保护级别：三有 / 无危（LC）

居留型：夏候鸟

野外识别特征：体型中等的鹡鸰。褐、黑、白色，尾部较短。上体灰褐色，眉纹白色，具明显黑白色翼斑，下体白色，胸部具两道黑色横斑，下方横斑有时不完整。虹膜灰色，喙角质褐色而下喙较浅，跗跖偏粉色。

生态习性：以动物性食物为主。栖于山地森林中，也栖于混交林、落叶林和果园。

318. 树鹨
英文名 /Olive-backed Pipit
学名 /*Anthus hodgsoni*

体长：15～17 cm

保护级别：三有 / 无危（LC）

居留型：冬候鸟

野外识别特征：体型中等、榄色的鹨。具明显的白色眉纹、耳后白斑。与其他鹨的区别为上体纵纹较少、喉部和两胁皮黄色且胸部和两胁布满黑色纵纹。下喙偏粉色而上喙角质色，跗跖粉色。

生态习性：以植物性食物为主。栖于针阔混交林、马尾松林、农耕区。

杨秀峰 摄

胡业呆 摄

李福友 摄

周志浩 摄

雀形目

319. 红喉鹨
英文名 /Red-throated Pipit
学名 /*Anthus cervinus*

体长：14～15 cm
保护级别：三有 / 无危（LC）
居留型：旅鸟
野外识别特征：体型中等、褐色的鹨。与树鹨的区别为上体偏褐色、腰部纵纹更密并具黑色块斑、胸部黑色纵纹较不明显且喉部偏粉色。与北鹨的区别为腹部粉皮黄色而非白色，背部和两翼无白色横斑且鸣声不同。喙角质色而喙基黄色，跗跖肉色。
生态习性：以动物性食物为主。栖于如稻田等潮湿农耕区。

320. 黄腹鹨
英文名 /Buff-bellied Pipit
学名 /*Anthus rubescens*

体长： 14～17 cm

保护级别： 三有 / 无危（LC）

居留型： 旅鸟

野外识别特征： 体型小、褐色的鹨。似树鹨，区别为上体偏褐色、胸部和两胁布满浓密的纵纹且颈侧具偏黑色块斑。初级飞羽和次级飞羽的羽缘为白色。上喙角质色而下喙偏粉色，跗跖暗黄色。

生态习性： 以动物性食物为主。栖于溪流两岸的潮湿草地和稻田中。

周志浩 摄

周志浩 摄

321. 水鹨
英文名 /Water Pipit   学名 /*Anthus spinoletta*

体长：15～17 cm

保护级别：三有 / 无危（LC）

居留型：旅鸟

野外识别特征：体型中等、偏灰色的鹨。体具纵纹，顶冠亦具纵纹。繁殖羽：下体呈特征性橙黄色，胸部色深且仅胸侧和两胁略具模糊纵纹。冬羽：上体深灰褐色，下体暗皮黄色，上下体前端均布满纵纹。喙偏黑色，冬羽下喙粉色，跗跖黑色。

生态习性：以动物性食物为主。栖于高山草场和近溪流的草地。

322. 田鹨
英文名 /Richard's Pipit　学名 /*Anthus richardi*

体长：17～18 cm

保护级别：三有 / 无危（LC）

居留型：夏候鸟

野外识别特征：体型较大、褐色的鹨。跗跖长，栖于开阔草地。上体具褐色纵纹，眉纹浅皮黄色，下体皮黄色，胸部具深色纵纹。上喙褐色而下喙偏黄色，跗跖黄褐色而后爪为明显肉色。

生态习性：以动物性食物为主。栖于沿海地区或山地草甸。

尚帅 摄

李福友 摄

323. 黄鹡鸰
英文名/Eastern Yellow Wagtail　学名/*Motacilla tschutschensis*

体长：16～18 cm

保护级别：三有/无危（LC）

居留型：旅鸟

野外识别特征：体型中等的鹡鸰。偏褐色或橄榄色，似灰鹡鸰，区别为背部橄榄绿色或橄榄褐色而非灰色、尾部较短且无白色翼斑和黄色腰部。非繁殖羽偏褐色且较暗。雌鸟和幼鸟臀部无黄色，幼鸟腹部白色。

生态习性：以动物性食物主。主要栖于滨海湿地。

324. 灰鹡鸰
英文名 /Grey Wagtail
学名 /*Motacilla cinerea*

体长：16～20 cm
保护级别：三有 / 无危（LC）
居留型：旅鸟
野外识别特征：体型中等的鹡鸰。体色偏灰色，尾长，腰部黄绿色，下体黄色，幼鸟下体偏白色。
生态习性：以动物性食物为主。多见于岩溪流并觅食于潮湿砾石或沙地上。

马士胜 摄

刘云鹏 摄

325. 黄头鹡鸰
英文名 /Citrine Wagtail
学名 /*Motacilla citreola*

体长：16～20 cm

保护级别：三有 / 无危（LC）

居留型：旅鸟

野外识别特征：体型较小的鹡鸰。头部和下体亮黄色，具两道白色翼斑。诸亚种上体色彩存在差异。雌鸟顶冠和脸颊灰色。幼鸟以暗淡白色取代黄色。

生态习性：以动物性食物为主。栖于沼泽草甸和柳丛。

周志浩 摄

尚帅 摄

326. 白鹡鸰
英文名 /White Wagtail　学名 /Motacilla alba

体长：17～20 cm

保护级别：三有 / 无危（LC）

居留型：留鸟

野外识别特征：体型中等的鹡鸰。体色黑、灰、白，通常上体灰色，下体白色，两翼和尾部黑白相间。冬羽顶冠后方、枕部和胸部具黑斑但其面积小于繁殖羽。雌鸟似雄鸟但体色较暗。幼鸟以灰色取代黑色。

生态习性：以动物性食物为主。栖于近水的开阔地带、稻田、溪流两侧和道路上。

327. 燕雀
英文名 /Brambling　学名 /*Fringilla montifringilla*

体长： 13～16 cm

保护级别： 三有 / 无危（LC）

居留型： 留鸟

野外识别特征： 体型中等的燕雀。斑纹分明、体型健壮，胸部棕色，腰部白色。雄鸟：头部和枕部黑色，背部偏黑色，腹部白色，两翼和叉尾黑色，并具明显的白色肩斑和棕色翼斑，初级飞羽基部具白色点斑。雄鸟：非繁殖羽似雌鸟，但头部图纹呈独特的褐色、灰色和偏黑色。喙黄色而喙端黑色，跗跖粉褐色。

生态习性： 以植物性食物为主，繁殖期间则主要以昆虫为食。栖于林地，也会在林缘、灌丛和城市园林中出现。

尚帅 摄

高晓冬 摄

328. 锡嘴雀
英文名 /Hawfinch　学名 /Coccothraustes coccothraustes

体长： 16～18 cm

保护级别： 三有 / 无危（LC）

居留型： 旅鸟

野外识别特征： 体型较大的燕雀。矮胖、偏褐色，具极大的喙、较短的尾部和明显的白色宽阔肩斑。两性相似。幼鸟似成鸟，但体色较深且下体具深色小斑点和纵纹。

生态习性： 以植物性食物为主。栖于林地、庭院和果园。

李福友 摄　　　　　　　　　　马士胜 摄

329. 黑尾蜡嘴雀
英文名 /Chinese Grosbeak   学名 /*Eophona migratoria*

体长：16 ～ 18 cm
保护级别：三有 / 无危（LC）
居留型：留鸟
野外识别特征：体型较大的燕雀。体型敦实、具硕大而端黑的黄色喙。雄鸟：繁殖羽外形极似具有黑色头罩的大型灰雀，体羽灰色，两翼偏黑色。雌鸟：似雄鸟，但头部黑色较少。幼鸟似雌鸟，但体羽偏褐色。
生态习性：以植物性食物为主。栖于林地和果园，从不见于密林中。

尚帅 摄

杨秀峰 摄

孟向东 摄　　　　　　　　　　　　　周志浩 摄

330. 黑头蜡嘴雀
英文名 /Japanese Grosbeak　学名 /*Eophona personata*

体长：20～24 cm

保护级别：三有 / 无危（LC）

居留型：旅鸟

野外识别特征：体型较大的燕雀。体型敦实、具硕大的黄色喙。两性相似。初级飞羽具小块白色次端斑，但初级飞羽、三级飞羽和初级覆羽的羽端无白色。飞行时上述差异更为明显。幼鸟体羽偏褐色，头部黑色缩至狭窄眼罩，并具两道皮黄色翼斑。

生态习性：杂食性鸟类。栖于果园、农田和公园等区域。

331. 普通朱雀
英文名 /Common Rosefinch
学名 /*Carpodacus erythrinus*

体长：13～15 cm
保护级别：三有 / 无危（LC）
居留型：旅鸟
野外识别特征：体型小的朱雀。头部红色，上体灰褐色，腹部白色。雄鸟：繁殖羽头部、胸部、腰部和翼斑沾亮红色。雌鸟：无粉色，上体纯灰褐色，下体偏白色。
生态习性：以植物性食物为主。栖于海拔较高的山林，也见于林间空地、灌丛和溪流两岸。

周志浩 摄

孟向东 摄

戴菲 摄

李在军 摄

332. 长尾雀
英文名 /Long-tailed Rosefinch　学名 /*Carpodacus sibiricus*

体长：16～18 cm

保护级别：三有 / 无危（LC）

居留型：旅鸟

野外识别特征：体型中等的雀。尾长，具极粗厚的浅黄色喙。雄鸟：繁殖羽脸部、腰部和胸部粉色，额部和枕部灰白色，两翼大部白色，翕部褐色并具偏黑色纵纹和粉色羽缘。非繁殖羽体色较浅。雌鸟：具灰色纵纹，腰部和胸部棕色。

生态习性：以植物性食物为主。栖于平原和丘陵，多见于沿溪小柳丛、蒿草丛和次生林，也出没于公园和苗圃中。

周志浩 摄

333. 北朱雀
英文名 /Pallas's Rosefinch
学名 /*Carpodacus roseus*

体长：15～17 cm

保护级别：国家二级／无危（LC）

居留型：冬候鸟

野外识别特征：体型中等的雀。体型矮胖，尾部较长。雄鸟：头部、背部下方和下体粉绯红色，顶冠色浅，额部和颏部霜白色，无眉纹，上体和翼覆羽深褐色而羽缘粉白色，胸部绯红色，腹部粉色，具两道浅色翼斑。雌鸟：体色暗，上体具褐色纵纹，额部和腰部粉色，下体皮黄色并具纵纹，胸部沾粉色，臀部白色。

生态习性：以植物性食物为主。夏季栖于针叶林，越冬于雪松林和有灌丛覆盖的山坡。

334. 红腹灰雀
英文名 /Eurasian Bullfinch　　学名 /*Pyrrhula pyrrhula*

体长：15～17 cm

保护级别：三有 / 无危（LC）

居留型：旅鸟

野外识别特征：体型中等的雀。体型敦实，喙厚并略具钩，腰部白色，头顶和眼罩亮黑色。雄鸟：翕部灰色，臀部白色。下体通常为灰色并具不同程度的粉色。幼鸟图纹似雄鸟，但以暖褐色取代粉色。幼鸟似雌鸟，但无黑色头顶和眼罩，并具皮黄色翼斑。

生态习性：以植物性食物为主。栖于林地、果园和庭院。冬季常集小群。

李在军 摄

335. 金翅雀
英文名 /Oriental Greenfinch
学名 /*Chloris sinica*

体长：12～14 cm

保护级别：三有 / 无危（LC）

居留型：冬候鸟 / 旅鸟

野外识别特征：体型较小的燕雀。体色黄、灰、褐，具宽阔的黄色翼斑。雄鸟：顶冠和枕部灰色，背部纯褐色，翼斑、尾基外侧和臀部黄色。雌鸟：体色较暗。幼鸟体色较浅且纵纹较多。

生态习性：以植物性食物为主。栖于灌丛、旷野、种植园、庭院和林缘地带。

胡业果 摄

尚帅 摄

周志浩 摄

336. 白腰朱顶雀
英文名 /Common Redpoll　学名 /Acanthis flammea

体长：11 ～ 14 cm

保护级别：三有 / 无危（LC）

居留型：冬候鸟

野外识别特征：体型较小的雀。灰褐色，顶冠具红色点斑。雄鸟：繁殖羽似极北朱顶雀，腰部浅灰色沾褐色并具黑色纵纹，而不同于极北朱顶雀的几乎全白色。雌鸟似雄鸟，但胸部无粉色。具叉尾。虹膜深褐色，喙黄色，跗跖黑色。

生态习性：以植物性食物为主。栖于溪边丛生柳林、沼泽化的多草疏林内和栎、榆等幼林中。

337. 红交嘴雀
英文名 /Red Crossbill
学名 /*Loxia curvirostra*

体长：15～17 cm
保护级别：国家二级 / 无危（LC）
居留型：旅鸟
野外识别特征：体型中等的燕雀。雄鸟繁殖羽深红色。雌鸟似雄鸟，但为暗橄榄绿色而非红色。幼鸟似雌鸟，但体具纵纹。
生态习性：以植物性食物为主。栖于针叶带的各种林型中。

马士胜 摄

孟向东 摄

338. 黄雀
英文名 /Eurasian Siskin
学名 /*Spinus spinus*

体长：11～12 cm

保护级别：三有 / 无危（LC）

居留型：旅鸟

野外识别特征：体型较小的燕雀。具特征性短喙和明显的黑、黄色翼斑。雄鸟：头顶和颏部黑色，头侧、腰部和尾基亮黄色。雌鸟：体色较暗且纵纹较多，头顶和颏部无黑色。幼鸟似雌鸟，但体羽偏褐色，翼斑偏橙色。

生态习性：杂食性鸟类。栖于山林、丘陵和平原地带。

339. 铁爪鹀
英文名 /Lapland Longspur
学名 /*Calcarius lapponicus*

体长：14～18 cm

保护级别：三有 / 无危（LC）

居留型：冬候鸟

野外识别特征：体型中等的鹀。略显笨重，头大而尾短，具较长的后趾和爪。雄鸟：繁殖羽不易被误认，脸部和胸部黑色，枕部棕色，头侧具"S"形白斑。雌鸟：繁殖羽枕部和大覆羽边缘棕色、侧冠纹偏黑色，眉纹和耳羽中央色浅。

生态习性：以植物性食物为主。栖于草地、沼泽地、平原田野、丘陵的稀疏山林。

340. 栗耳鹀
英文名 /Chestnut-eared Bunting
学名 /*Emberiza fucata*

体长：14～16 cm
保护级别：三有/无危（LC）
居留型：旅鸟
野外识别特征：体型中等的鹀。雄鸟：繁殖羽不易被误认，栗色的耳羽与灰色的顶冠和颈侧形成对比，黑色颊纹延至胸部与黑色纵纹形成的项纹相连，并和白色喉、胸部以及棕色胸带形成对比。雌鸟：和雄鸟非繁殖羽相似，但体色较浅且无明显特征。
生态习性：以动物性食物为主。栖于有稀疏灌木的林缘沼泽草地、路边灌木、草地灌丛。

戴菲 摄

孟向东 摄

341. 三道眉草鹀
英文名 /Meadow Bunting 学名 /*Emberiza cioides*

体长：15～18 cm
保护级别：三有 / 无危（LC）
居留型：留鸟
野外识别特征：体型较大的鹀。棕色，头部图纹明显，具栗色的胸带和白色的眉纹、上髭纹、颊部以及喉部。雄鸟：繁殖羽脸部具独特的褐色、白色和黑色图纹，胸部栗色，腰部色。雌鸟：体色较浅，眉纹和颊纹皮黄色，胸部浓皮黄色。幼鸟体色浅且纵纹较多。
生态习性：杂食性鸟类。栖于山区和丘陵地区的开阔灌丛和林缘地带，冬季下至较低海拔的平原地区。

尚帅 摄

342. 白头鹀
英文名 /Pine Bunting   学名 /*Emberiza leucocephalos*

体长：16～18 cm

保护级别：三有 / 无危（LC）

居留型：旅鸟

野外识别特征：体型较大的鹀。头部图纹独特，略具羽冠。雄鸟：较容易辨认，具白色顶冠纹和黑色侧冠纹，耳羽中央白色而边缘黑色，栗色的头部余部和喉部与白色的胸带形成对比。雌鸟：体色较浅。

生态习性：以植物性食物为主。栖于林缘、林间空地和火烧后或采伐过的针叶林及混交林。

343. 黄喉鹀
英文名 /Yellow-throated Bunting
学名 /*Emberiza elegans*

体长：15～16 cm

保护级别：三有 / 无危（LC）

居留型：冬候鸟

野外识别特征：体型中等的鹀。腹部白色，头部具不易被误认的黑、黄色图纹和短羽冠。雌鸟似雄鸟，但体色较暗，并以褐色取代黑色、皮黄色取代黄色。与田鹀的区别为脸颊纯褐色而无黑色边缘且脸颊后方无浅色块斑。

生态习性：以动物性食物为主。栖于丘陵、山脊地区的干燥落叶林和混交林。

马士胜 摄

尚帅 摄

344. 红颈苇鹀
英文名 /Japanese Reed Bunting 学名 /*Emberiza yessoensis*

体长：13 ~ 15 cm

保护级别：三有 / 近危（NT）

居留型：旅鸟

野外识别特征：体型较小的鹀。雄鸟：繁殖羽头部黑色。雌鸟：繁殖羽似雄鸟，但头部图纹则似芦鹀雌鸟。雄鸟非繁殖羽似雌鸟，但喉部色较深。

生态习性：以植物性食物为主。栖于芦苇地、有灌丛的沼泽地、滨海湿地等区域。

周志浩 摄

345. 芦鹀
英文名 /Common Reed Bunting
学名 /*Emberiza schoeniclus*

体长：15～17 cm

保护级别：三有 / 无危（LC）

居留型：冬候鸟

野外识别特征：体型较小的鹀。头部黑色并具明显白色下髭纹。雄鸟：繁殖羽似苇鹀，区别为上体偏棕色。雌鸟：和雄鸟非繁殖羽头部黑色大部消失，顶冠和耳羽具杂斑，眉纹皮黄色。

生态习性：杂食性鸟类。栖于高芦苇地，但冬季亦觅食于林地、田野和乡村开阔地区。

346. 苇鹀
英文名 /Pallas's Reed Bunting　学名 /*Emberiza pallasi*

体长： 13～15 cm

保护级别： 三有 / 无危（LC）

居留型： 冬候鸟

野外识别特征： 体型较小的鹀。头部黑色。雄鸟；繁殖羽白色的下髭纹与黑色的头部和喉部形成对比，颈圈白色，下体灰色，上体具灰色和黑色横斑。雌鸟、雄鸟非繁殖羽以及各阶段幼鸟均为浅沙黄色，且顶冠、翕部、胸部和两胁具深色纵纹。

生态习性： 以植物性食物为主。栖于芦苇地、有灌丛的沼泽地、滨海湿地等区域。

刘云鹏 摄

马士胜 摄

孟向东 摄

347. 黄胸鹀
英文名 /Yellow-breasted Bunting   学名 /*Emberiza aureola*

体长：14～16 cm

保护级别：国家一级 / 极危（CR）

居留型：旅鸟

野外识别特征：体型中等的鹀。体色艳丽。雄鸟：繁殖羽顶冠和枕部栗色，脸部和喉部黑色，黄色的领环和胸腹之间由栗色胸带间隔，肩羽处具明显白斑。雄鸟：非繁殖羽体色明显更浅，颏部和喉部黄色，耳羽黑色并具杂斑。雌鸟和亚成鸟顶冠纹浅沙色，侧冠纹深色，颊纹不明显并具浅皮黄色长眉纹。

生态习性：以动物性食物为主。栖于灌木或幼树顶枝上。

周志浩 摄

348. 田鹀
英文名 /Rustic Bunting 学名 /Emberiza rustica

体长：13～15 cm

保护级别：三有 / 易危（VU）

居留型：冬候鸟

野外识别特征：体型较小的鹀。体色艳丽，腹部白色。雄鸟：头部具黑白色条纹，略具羽冠，枕部、胸带、两胁纵纹和腰部均为棕色。雌鸟：和雄鸟非繁殖羽相似，但体羽白色区域较暗并沾皮黄色，脸颊后方通常具偏白色点斑。幼鸟特征不甚明显且纵纹较多。

生态习性：以植物性食物为主。栖于开阔地区、人工林地和公园。

刘云鹏 摄

349. 小鹀
英文名 /Little Bunting
学名 /*Emberiza pusilla*

体长：11 ～ 14 cm

保护级别：三有 / 无危（LC）

居留型：留鸟

野外识别特征：体型较小的鹀。体具纵纹。两性相似。上体褐色并具深色纵纹，下体偏白色，胸部和两胁具黑色纵纹。成鸟繁殖羽不易被误认，体型小，头部具黑色和栗色条纹以及浅色眼圈。冬羽耳羽和顶冠纹暗栗色，颊纹和耳羽边缘灰黑色，眉纹和第二道颊纹暗皮黄褐色。

生态习性：以植物性食物为主。栖于茂密植被、灌木丛和芦苇地中。

雀形目

杨秀峰 摄

尚帅 摄

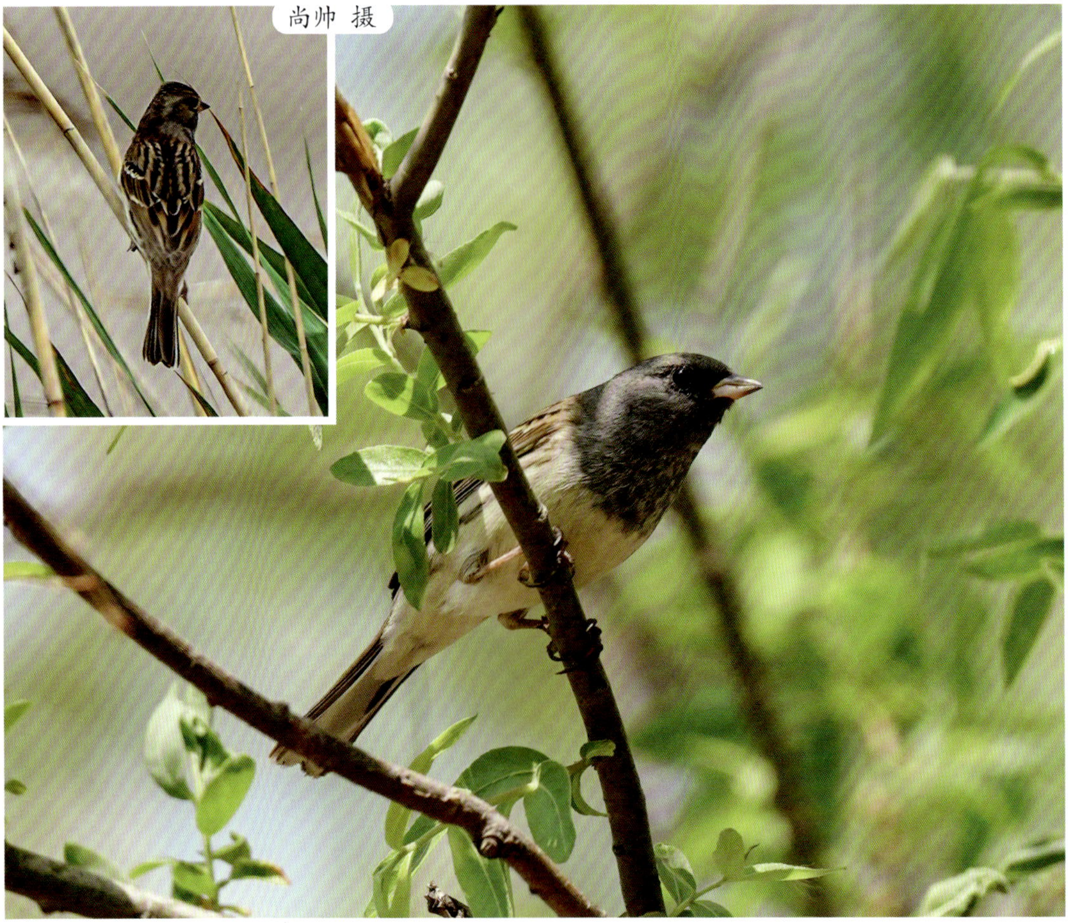
尚帅 摄

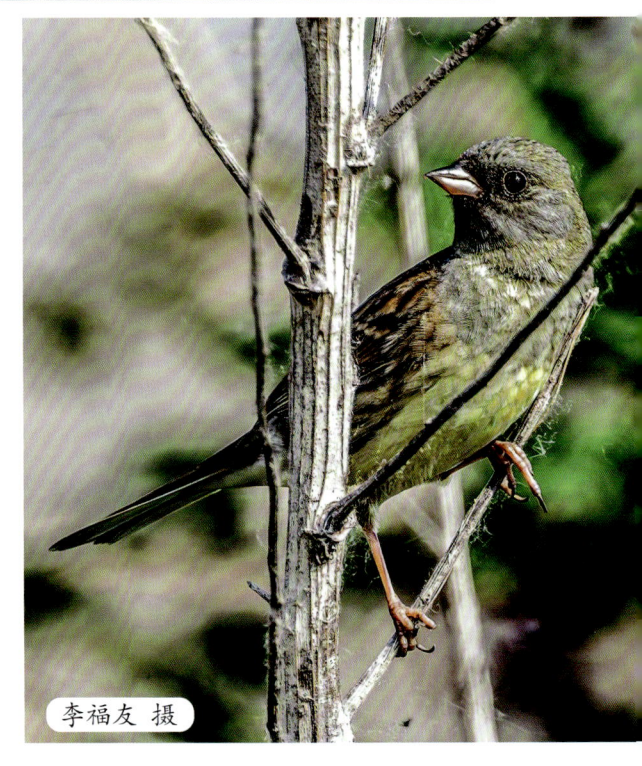

350. 灰头鹀
英文名 /Black-faced Bunting
学名 /*Emberiza spodocephala*

李福友 摄

体长：13 ～ 16 cm

保护级别：三有 / 无危（LC）

居留型：冬候鸟

野外识别特征：体型较小的鹀。黑、黄色，指名亚种雄鸟繁殖羽头部、枕部和喉部灰色，眼先和颏部黑色，上体余部浓栗色并具明显黑色纵纹，下体浅黄色或偏白色，肩羽具白斑，尾部色深并具白色边缘。雄鸟冬羽和雌鸟头部橄榄色，贯眼纹和耳羽下方月牙状斑为黄色。雄鸟冬羽和硫黄鹀的区别为眼先无黑色。

生态习性：杂食性鸟类。栖于芦苇地、灌丛和林缘地带。

351. 栗鹀
英文名 /Chestnut Bunting　学名 /*Emberiza rutila*

体长：14～15 cm
保护级别：三有 / 无危（LC）
居留型：旅鸟
野外识别特征：体型较小的鹀。栗、黄色。雄鸟：繁殖羽不易被误认，整个头部、上体和胸部均为栗色而腹部为黄色。雄鸟：非繁殖期亦相似，但体色较暗且头、胸部沾黄色。雌鸟：特征不甚明显，顶冠、翕部、胸部和两胁具深色纵纹。幼鸟纵纹较密。
生态习性：以植物性食物为主。栖于低矮灌丛的开阔针叶林、混交林和落叶林。

刘云鹏 摄

352. 黄眉鹀
英文名 /Yellow-browed Bunting　学名 /*Emberiza chrysophrys*

体长：13～17 cm

保护级别：三有 / 无危（LC）

居留型：冬候鸟

野外识别特征：体型中等的鹀。头部具横斑。似白眉鹀，区别为眉纹前半段为黄色、下体偏白色且纵纹较多、翼斑亦偏白色、腰部更为斑驳且尾羽色较深、黑色颊纹更为明显并分散并入胸部纵纹中。

生态习性：杂食性鸟类。栖于林缘的次生灌丛中。常与其他鹀类混群。

周志浩 摄

周志浩 摄

353. 白眉鹀
英文名 /Tristram's Bunting 学名 /*Emberiza tristrami*

体长：14～16 cm

保护级别：三有 / 无危（LC）

居留型：旅鸟

野外识别特征：体型中等的鹀。头部条纹明显。雄鸟：具明显的黑白色头部图纹、黑色喉部以及无纵纹的棕色腰部。雌鸟和雄鸟非繁殖羽体色较暗、头部图纹对比不甚明显，但图纹仍似雄鸟繁殖羽，区别为颏部色浅。

生态习性：以动物性食物为主。多隐于山坡林下茂密灌丛中。常集小群。

中文名索引

A

鹌鹑……………………………… 12
暗灰鹃鵙…………………………… 271
暗绿绣眼鸟………………………… 332

B

八哥……………………………… 336
白翅浮鸥………………………… 205
白额雁…………………………… 24
白额燕鸥………………………… 202
白腹鸫…………………………… 346
白腹蓝鹟………………………… 355
白腹鹞…………………………… 232
白骨顶…………………………… 94
白鹤……………………………… 95
白喉矶鸫………………………… 371
白喉针尾雨燕……………………… 72
白鹡鸰…………………………… 388
白颈鸦…………………………… 287
白鹭……………………………… 125
白眉地鸫………………………… 341
白眉鸫…………………………… 345
白眉姬鹟………………………… 362
白眉鸭…………………………… 415
白眉鸭…………………………… 40
白琵鹭…………………………… 111
白头鹎…………………………… 311
白头鹤…………………………… 100
白头鹞…………………………… 404
白尾海雕………………………… 236
白尾鹞…………………………… 233
白胸苦恶鸟……………………… 91
白眼潜鸭………………………… 37
白腰草鹬………………………… 181
白腰杓鹬………………………… 156
白腰雨燕………………………… 74
白腰朱顶雀……………………… 398
白枕鹤…………………………… 96
斑背潜鸭………………………… 39
斑鸫……………………………… 350
斑脸海番鸭……………………… 26
斑头秋沙鸭……………………… 28
斑头鸺鹠………………………… 211
斑尾塍鹬………………………… 158
斑胁田鸡………………………… 89
斑鱼狗…………………………… 249
斑嘴鸭…………………………… 46
半蹼鹬…………………………… 174
宝兴歌鸫………………………… 351
北长尾山雀……………………… 326
北红尾鸲………………………… 367
北灰鹟…………………………… 354
北极鸥…………………………… 197
北椋鸟…………………………… 339
北领角鸮………………………… 213
北朱雀…………………………… 395

C

彩鹬……………………………… 152
苍鹭……………………………… 121
苍鹰……………………………… 231
草鹭……………………………… 122
草鸮……………………………… 209
长耳鸮…………………………… 215
长尾雀…………………………… 394
长趾滨鹬………………………… 168
长嘴剑鸻………………………… 146
池鹭……………………………… 119
赤膀鸭…………………………… 44
赤腹鹰…………………………… 227
赤颈鸫…………………………… 348

赤颈鸭	45
赤麻鸭	33
赤胸鸫	347

D

达乌里寒鸦	284
大白鹭	123
大斑啄木鸟	257
大鸨	103
大滨鹬	161
大杜鹃	82
大𫛭	239
大麻鳽	113
大山雀	292
大杓鹬	157
大天鹅	18
大鹰鹃	80
大嘴乌鸦	288
戴菊	372
戴胜	243
丹顶鹤	98
淡脚柳莺	320
雕鸮	217
东方白鹳	108
东方大苇莺	301
东方鸻	151
东亚石䳭	370
董鸡	92
豆雁	22
短耳鸮	216
短趾百灵	298
短嘴豆雁	23
钝翅苇莺	303

E

鹗	221

F

发冠卷尾	274
翻石鹬	160
反嘴鹬	139
凤头百灵	295
凤头蜂鹰	223
凤头麦鸡	141
凤头䴙䴘	54
凤头潜鸭	38

H

海鸬鹚	131
褐柳莺	316
鹤鹬	183
黑翅长脚鹬	140
黑翅鸢	222
黑腹滨鹬	172
黑鹳	107
黑颈䴙䴘	56
黑卷尾	272
黑脸琵鹭	112
黑眉柳莺	322
黑眉苇莺	302
黑水鸡	93
黑头蜡嘴雀	392
黑头鸭	334
黑尾塍鹬	159
黑尾蜡嘴雀	391
黑尾鸥	195
黑鸢	235
黑枕黄鹂	269
黑嘴鸥	192
红腹滨鹬	162
红腹灰雀	396
红喉歌鸲	359
红喉姬鹟	365
红喉鹨	381
红交嘴雀	399
红角鸮	214
红脚隼	262
红脚鹬	185
红颈瓣蹼鹬	178
红颈滨鹬	170
红颈苇鹀	406
红隼	261

红头潜鸭	35	灰脸鵟鹰	237
红尾斑鸫	349	灰椋鸟	338
红尾伯劳	278	灰山椒鸟	270
红尾歌鸲	357	灰头绿啄木鸟	254
红尾水鸲	368	灰头麦鸡	142
红胁蓝尾鸲	360	灰头鸦	412
红胁绣眼鸟	331	灰尾漂鹬	182
红胸秋沙鸭	31	灰纹鹟	352
红胸田鸡	88	灰喜鹊	281
红嘴巨燕鸥	201	灰雁	20
红嘴鸥	191	火斑鸠	62
红嘴山鸦	283		
鸿雁	21	**J**	
厚嘴苇莺	304	叽喳柳莺	317
虎斑地鸫	342	矶鹬	180
虎纹伯劳	276	极北柳莺	321
花脸鸭	42	家燕	308
环颈鸻	148	尖尾滨鹬	165
环颈雉	11	鹪鹩	335
黄斑苇鳽	114	角百灵	296
黄腹鹨	382	角䴙䴘	55
黄腹山雀	290	金翅雀	397
黄喉鹀	405	金雕	226
黄鹡鸰	385	金鸻	144
黄脚三趾鹑	137	金眶鸻	147
黄眉姬鹟	363	金腰燕	309
黄眉柳莺	313	巨嘴柳莺	315
黄眉鹀	414	卷羽鹈鹕	127
黄雀	400		
黄头鹡鸰	387	**K**	
黄胸鹀	409	阔嘴鹬	164
黄腰柳莺	314		
黄嘴白鹭	126	**L**	
灰斑鸠	61	蓝翡翠	250
灰背鸫	343	蓝歌鸲	356
灰背隼	263	蓝喉歌鸲	358
灰翅浮鸥	204	蓝矶鸫	369
灰鹤	99	栗耳短脚鹎	312
灰鸽	145	栗耳鹀	402
灰鹡鸰	386	栗苇鳽	116
灰卷尾	273	栗鹀	413

· 419 ·

蛎鹬	138
林鹬	186
鳞头树莺	325
领雀嘴鹎	310
领岩鹨	375
流苏鹬	163
芦鹀	407
绿背鸬鹚	133
绿翅鸭	49
绿鹭	118
绿头鸭	47
罗纹鸭	43

M

麻雀	378
毛脚鵟	238
毛腿沙鸡	67
矛斑蝗莺	306
煤山雀	289
蒙古百灵	297
蒙古沙鸻	149
冕柳莺	318

N

| 牛背鹭 | 120 |
| 牛头伯劳 | 277 |

O

欧金鸻	143
欧亚旋木雀	333
鸥嘴噪鸥	200

P

琵嘴鸭	41
普通翠鸟	248
普通海鸥	196
普通鵟	240
普通鸬鹚	132
普通秋沙鸭	29
普通燕鸻	189
普通燕鸥	203

普通秧鸡	87
普通夜鹰	71
普通雨燕	75
普通朱雀	393

Q

翘鼻麻鸭	32
翘嘴鹬	179
青脚滨鹬	167
青脚鹬	184
青头潜鸭	36
丘鹬	175
鸲姬鹟	364
雀鹰	230
鹊鸭	27
鹊鹞	234

R

| 日本松雀鹰 | 228 |
| 日本鹰鸮 | 210 |

S

三宝鸟	247
三道眉草鹀	403
三趾滨鹬	171
山斑鸠	60
山鹡鸰	379
山麻雀	377
山鹛	328
扇尾沙锥	177
勺嘴鹬	169
石鸡	13
寿带	275
树鹨	380
双斑绿柳莺	319
水鹨	383
水雉	153
丝光椋鸟	337
四声杜鹃	81
松雀鹰	229
蓑羽鹤	97

T

太平鸟	373
田鹀	384
田鸫	410
铁爪鹀	401
铁嘴沙鸻	150
秃鼻乌鸦	285
秃鹫	224

W

弯嘴滨鹬	166
苇鳽	408
文须雀	299
乌雕	225
乌鸫	344
乌鹟	353

X

西伯利亚银鸥	198
锡嘴雀	390
喜鹊	282
小白额雁	25
小滨鹬	173
小杜鹃	83
小黑背银鸥	199
小蝗莺	305
小鸊鷉	53
小青脚鹬	188
小杓鹬	155
小太平鸟	374
小天鹅	19
小田鸡	90
小鸦	411
小嘴乌鸦	286
楔尾伯劳	280
星头啄木鸟	255

Y

崖沙燕	307
岩鸽	59
燕雀	389
燕隼	264
夜鹭	117
遗鸥	193
蚁䴕	253
银喉长尾山雀	327
疣鼻天鹅	17
游隼	265
渔鸥	194
鸳鸯	34
远东树莺	324
云雀	294

Z

噪鹃	79
泽鹬	187
爪哇金丝燕	73
沼泽山雀	291
赭红尾鸲	366
针尾沙锥	176
针尾鸭	48
震旦鸦雀	330
中白鹭	124
中华攀雀	293
中华秋沙鸭	30
中杓鹬	154
珠颈斑鸠	63
紫背苇鳽	115
紫翅椋鸟	340
紫啸鸫	361
棕背伯劳	279
棕腹啄木鸟	256
棕脸鹟莺	323
棕眉山岩鹨	376
棕扇尾莺	300
棕头鸥	190
棕头鸦雀	329
纵纹腹小鸮	212

英文名索引

A

Alpine Accentor ········· 375
Arctic Warbler ········· 321
Ashy Drongo ········· 273
Ashy Minivet ········· 270
Asian Barred Owlet ········· 211
Asian Brown Flycatcher ········· 354
Asian Dowitcher ········· 174
Asian Short-toed Lark ········· 298
Asian Stubtail ········· 325
Azure-winged Magpie ········· 281

B

Baer's Pochard ········· 36
Baikal Teal ········· 42
Baillon's Crake ········· 90
Band-bellied Crake ········· 89
Bar-tailed Godwit ········· 158
Barn Swallow ········· 308
Bean Goose ········· 22
Bearded Reedling ········· 299
Beijing Hill-warbler ········· 328
Besra ········· 229
Black Drongo ········· 272
Black Kite ········· 235
Black Redstart ········· 366
Black Stork ········· 107
Black-browed Reed Warbler ········· 302
Black-capped Kingfisher ········· 250
Black-crowned Night-heron ········· 117
Black-faced Bunting ········· 412
Black-faced Spoonbill ········· 112
Black-headed Gull ········· 191
Black-naped Oriole ········· 269
Black-necked Grebe ········· 56
Black-shouldered Kite ········· 222
Black-tailed Godwit ········· 159
Black-tailed Gull ········· 195
Black-winged Cuckooshrike ········· 271
Black-winged Stilt ········· 140
Blue Rock Thrush ········· 369
Blue Whistling Thrush ········· 361
Blue-and-white Flycatcher ········· 355
Bluethroat ········· 358
Blunt-winged Warbler ········· 303
Bohemian Waxwing ········· 373
Brambling ········· 389
Broad-billed Sandpiper ········· 164
Brown Shrike ········· 278
Brown-eared Bulbul ········· 312
Brown-headed Gull ········· 190
Brown-headed Thrush ········· 347
Buff-bellied Pipit ········· 382
Bull-headed Shrike ········· 277

C

Carrion Crow ········· 286
Caspian Tern ········· 201
Cattle Egret ········· 120
Chestnut Bunting ········· 413
Chestnut-eared Bunting ········· 402
Chestnut-flanked White-eye ········· 331
Chinese Blackbird ········· 344
Chinese Egret ········· 126
Chinese Goshawk ········· 227
Chinese Grey Shrike ········· 280
Chinese Grosbeak ········· 391
Chinese Merganser ········· 30
Chinese Nuthatch ········· 334
Chinese Paradise Flycatcher ········· 275
Chinese Penduline Tit ········· 293

Chinese Pond Heron	119
Chinese Spot-billed Duck	46
Chinese Thrush	351
Chukar Partridge	13
Cinereous Vulture	224
Cinnamon Bittern	116
Citrine Wagtail	387
Coal Tit	289
Collared Crow	287
Collared Finchbill	310
Common Chiffchaff	317
Common Coot	94
Common Crane	99
Common Cuckoo	82
Common Goldeneye	27
Common Greenshank	184
Common Gull-billed Tern	200
Common Kestrel	261
Common Kingfisher	248
Common Merganser	29
Common Moorhen	93
Common Pheasant	11
Common Pochard	35
Common Redpoll	398
Common Redshank	185
Common Reed Bunting	407
Common Rosefinch	393
Common Sandpiper	180
Common Shelduck	32
Common Snipe	177
Common Starling	340
Common Swift	75
Common Tern	203
Crested Lark	295
Crested Myna	336
Curlew Sandpiper	166

D

Dalmatian Pelican	127
Dark-sided Flycatcher	353
Daurian Jackdaw	284
Daurian Redstart	367
Daurian Starling	339
Demoiselle Crane	97
Dunlin	172
Dusky Thrush	350
Dusky Warbler	316

E

Eastern Buzzard	240
Eastern Crowned Warbler	318
Eastern Grass Owl	209
Eastern Marsh Harrier	232
Eastern Red-footed Falcon	262
Eastern Water Rail	87
Eastern Yellow Wagtail	385
Edible-nest Swiftlet	73
Eurasian Bittern	113
Eurasian Bullfinch	396
Eurasian Collared Dove	61
Eurasian Curlew	156
Eurasian Hoopoe	243
Eurasian Oystercatcher	138
Eurasian Siskin	400
Eurasian Skylark	294
Eurasian Sparrow Hawk	230
Eurasian Spoonbill	111
Eurasian Teal	49
Eurasian Tree Sparrow	378
Eurasian Treecreeper	333
Eurasian Wigeon	45
Eurasian Woodcock	175
Eurasian Wren	335
European Golden Plover	143
Eyebrowed Thrush	345

F

Falcated Duck	43
Far Eastern Curlew	157
Ferruginous Duck	37
Forest Wagtail	379
Fork-tailed Swift	74

G

Gadwall	44
Garganey	40
Glaucous Gull	197
Goldcrest	372
Golden Eagle	226
Graylag Goose	20
Great Bustard	103
Great Cormorant	132
Great Crested Grebe	54
Great Egret	123
Great Knot	161
Great Spotted Woodpecker	257
Greater painted-snipe	152
Greater Sand Plover	150
Greater Scaup	39
Greater Spotted Eagle	225
Green Sandpiper	181
Green-backed Heron	118
Grey Heron	121
Grey Nightjar	71
Grey Plover	145
Grey Wagtail	386
Grey-backed Thrush	343
Grey-capped Woodpecker	255
Grey-faced Buzzard	237
Grey-faced Woodpecker	254
Grey-headed Lapwing	142
Grey-streaked Flycatcher	352
Grey-tailed Tattler	182

H

Hair-crested Drongo	274
Hawfinch	390
Hen Harrier	233
Hill Pigeon	59
Hobby	264
Hooded Crane	100
Horned Lark	296

I

Indian Cuckoo	81
Intermediate Egret	124

J

Japanese Cormorant	133
Japanese Grosbeak	392
Japanese Quail	12
Japanese Reed Bunting	406
Japanese Scops Owl	213
Japanese Sparrow Hawk	228
Japanese Tit	292
Japanese Waxwing	374

K

Kentish Plover	148

L

Lanceolated Warbler	306
Lapland Longspur	401
Large Hawk-cuckoo	80
Large-billed Crow	288
Lesser Black-backed Gull	199
Lesser Cuckoo	83
Lesser Sand Plover	149
Lesser White-fronted Goose	25
Light-vented Bulbul	311
Little Bunting	411
Little Curlew	155
Little Egret	125
Little Grebe	53
Little Owl	212
Little Ringed Plover	147
Little Stint	173
Little Tern	202
Long-billed Plover	146
Long-eared Owl	215
Long-tailed Rosefinch	394
Long-tailed Shrike	279
Long-tailed Tit	326

Long-toed Stint ········· 168

M

Mallard ········· 47
Manchurian Bush Warbler ········· 324
Mandarin Duck ········· 34
Marsh Sandpiper ········· 187
Marsh Tit ········· 291
Meadow Bunting ········· 403
Merlin ········· 263
Mew Gull ········· 196
Mongolian Lark ········· 297
Mugimaki Flycatcher ········· 364
Mute Swan ········· 17

N

Narcissus Flycatcher ········· 363
Naumann's Thrush ········· 349
Northen Eagle Owl ········· 217
Northern Boobook ········· 210
Northern Goshawk ········· 231
Northern Lapwing ········· 141
Northern Pintail ········· 48
Northern Shoveler ········· 41

O

Olive-backed Pipit ········· 380
Orange-flanked Bush-robin ········· 360
Oriental Dollarbird ········· 247
Oriental Greenfinch ········· 397
Oriental Honey-Buzzard ········· 223
Oriental Magpie ········· 282
Oriental Plover ········· 151
Oriental Pratincole ········· 189
Oriental Reed Warbler ········· 301
Oriental Scops Owl ········· 214
Oriental Stork ········· 108
Oriental Turtle Dove ········· 60
Osprey ········· 221

P

Pacific Golden Plover ········· 144
Pale Thrush ········· 346
Pale-legged Leaf Warbler ········· 320
Pallas's Grasshopper Warbler ········· 305
Pallas's Gull ········· 194
Pallas's Leaf Warbler ········· 314
Pallas's Reed Bunting ········· 408
Pallas's Rosefinch ········· 395
Pallas's Sandgrouse ········· 67
Pelagic Cormorant ········· 131
Peregrine Falcon ········· 265
Pheasant-tailed Jacana ········· 153
Pied Avocet ········· 139
Pied Harrier ········· 234
Pied Kingfisher ········· 249
Pine Bunting ········· 404
Pintail Snipe ········· 176
Plumbeous Water Redstart ········· 368
Purple Heron ········· 122

R

Radde's Warbler ········· 315
Red Crossbill ········· 399
Red Knot ········· 162
Red Turtle Dove ········· 62
Red-billed Chough ········· 283
Red-billed Starling ········· 337
Red-breasted Merganser ········· 31
Red-crowned Crane ········· 98
Red-necked Phalarope ········· 178
Red-necked Stint ········· 170
Red-rumped Swallow ········· 309
Red-throated Pipit ········· 381
Red-throated Thrush ········· 348
Reed Parrotbill ········· 330
Relict Gull ········· 193
Richard's Pipit ········· 384
Rook ········· 285
Rough-legged Buzzard ········· 238
Ruddy Shelduck ········· 33
Ruddy Turnstone ········· 160
Ruddy-breasted Crake ········· 88
Ruff ········· 163

Rufous-bellied Woodpecker 256
Rufous-faced Warbler 323
Rufous-tailed Robin 357
Russet Sparrow 377
Rustic Bunting 410

S

Sand Martin 307
Sanderling 171
Saunders's Gull 192
Schrenck's Bittern 115
Sharp-tailed Sandpiper 165
Short-eared Owl 216
Siberian Accentor 376
Siberian Blue Robin 356
Siberian Crane 95
Siberian Rubythroat 359
Siberian Scoter 26
Siberian Thrush 341
Silver-throated Bushtit 327
Slavonian Grebe 55
Smew 28
Spoon-billed Sandpiper 169
Spotted Dove 63
Spotted Greenshank 188
Spotted Redshank 183
Stejneger's Stonechat 370
Sulphur-breasted Warbler 322
Swan Goose 21
Swinhoe's White-eye 332

T

Taiga Flycatcher 365
Temminck's Stint 167
Terek Sandpiper 179
Thick-billed Warbler 304
Tiger Shrike 276
Tristram's Bunting 415
Tufted Duck 38
Tundra Bean Goose 23
Tundra Swan 19

Two-barred Warbler 319

U

Upland Buzzard 239

V

Vega Gull 198
Vinous-throated Parrotbill 329

W

Water Pipit 383
Watercock 92
Western Koel 79
Whimbrel 154
Whiskered Tern 204
White Wagtail 388
White's Thrush 342
White-breasted Waterhen 91
White-cheeked Starling 338
White-fronted Goose 24
White-naped Crane 96
White-tailed Sea Eagle 236
White-throated Rock Thrush 371
White-throated Spinetail 72
White-winged Tern 205
Whooper Swan 18
Wood Sandpiper 186
Wryneck 253

Y

Yellow Bittern 114
Yellow-bellied Tit 290
Yellow-breasted Bunting 409
Yellow-browed Bunting 414
Yellow-browed Warbler 313
Yellow-legged Buttonquail 137
Yellow-rumped Flycatcher 362
Yellow-throated Bunting 405

Z

Zitting Cisticola 300

学名索引

A

Abroscopus albogularis ············ 323
Acanthis flammea ············ 398
Accipiter gentilis ············ 231
Accipiter gularis ············ 228
Accipiter nisus ············ 230
Accipiter soloensis ············ 227
Accipiter virgatus ············ 229
Acridotheres cristatellus ············ 336
Acrocephalus bistrigiceps ············ 302
Acrocephalus concinens ············ 303
Acrocephalus orientalis ············ 301
Actitis hypoleucos ············ 180
Aegithalos caudatus ············ 326
Aegithalos glaucogularis ············ 327
Aegypius monachus ············ 224
Aerodramus fuciphagus ············ 73
Agropsar sturninus ············ 339
Aix galericulata ············ 34
Alauda arvensis ············ 294
Alaudala cheleensis ············ 298
Alcedo atthis ············ 248
Alectoris chukar ············ 13
Amaurornis phoenicurus ············ 91
Anas acuta ············ 48
Anas crecca ············ 49
Anas platyrhynchos ············ 47
Anas zonorhycha ············ 46
Andea alba ············ 123
Anser albifrons ············ 24
Anser anser ············ 20
Anser cygnoides ············ 21
Anser erythropus ············ 25
Anser fabalis ············ 22
Anser serrirostris ············ 23
Anthus cervinus ············ 381
Anthus hodgsoni ············ 380
Anthus richardi ············ 384
Anthus rubescens ············ 382
Anthus spinoletta ············ 383
Antigone vipio ············ 96
Apus apus ············ 75
Apus pacificus ············ 74
Aquila chrysaetos ············ 226
Ardea cinerea ············ 121
Ardea intermedia ············ 124
Ardea purpurea ············ 122
Ardeola bacchus ············ 119
Arenaria interpres ············ 160
Arundinax aedon ············ 304
Asio fammeus ············ 216
Asio otus ············ 215
Athene noctua ············ 212
Aythya baeri ············ 36
Aythya ferina ············ 35
Aythya fuligula ············ 38
Aythya marila ············ 39
Aythya nyroca ············ 37

B

Bombycilla garrulus ············ 373
Bombycilla japonica ············ 374
Botaurus stellaris ············ 113
Bubo bubo ············ 217
Bubulcus coromandus ············ 120
Bucephala clangula ············ 27
Butastur indicus ············ 237
Buteo hemilasius ············ 239
Buteo japonicus ············ 240
Buteo lagopus ············ 238
Butorides striata ············ 118

C

Calcarius lapponicus	401
Calidris acuminata	165
Calidris alba	171
Calidris alpina	172
Calidris canutus	162
Calidris falcinellus	164
Calidris ferruginea	166
Calidris minuta	173
Calidris pugnax	163
Calidris pygmaea	169
Calidris ruficollis	170
Calidris subminuta	168
Calidris temminckii	167
Calidris tenuirostris	161
Calliope calliope	359
Caprimulgus jotaka	71
Carpodacus erythrinus	393
Carpodacus roseus	395
Carpodacus sibiricus	394
Cecropis daurica	309
Certhia familiaris	333
Ceryle rudis	249
Charadrius alexandrinus	148
Charadrius dubius	147
Charadrius leschenaultii	150
Charadrius mongolus	149
Charadrius placidus	146
Charadrius veredus	151
Chlidonias hybrida	204
Chlidonias leucopterus	205
Chloris sinica	397
Chroicocephalus brunnicephalus	190
Chroicocephalus ridibundus	191
Ciconia boyciana	108
Ciconia nigra	107
Circus cyaneus	233
Circus melanoleucos	234
Circus spilonotus	232
Cisticola juncidis	300
Clanga clanga	225
Coccothraustes coccothraustes	390
Columba rupestris	59
Corvus corone	286
Corvus dauuricus	284
Corvus frugilegus	285
Corvus macrorhynchos	288
Corvus pectoralis	287
Coturnix japonica	12
Cuculus canorus	82
Cuculus micropterus	81
Cuculus poliocephalus	83
Cyanopica cyanus	281
Cyanoptila cyanomelana	355
Cygnus columbianus	19
Cygnus cygnus	18
Cygnus olor	17

D

Dendrocopos hyperythrus	256
Dendrocopos major	257
Dendronanthus indicus	379
Dicrurus hottentottus	274
Dicrurus leucophaeus	273
Dicrurus macrocercus	272

E

Egretta eulophotes	126
Egretta garzetta	125
Elanus caeruleus	222
Emberiza aureola	409
Emberiza chrysophrys	414
Emberiza cioides	403
Emberiza elegans	405
Emberiza fucata	402
Emberiza leucocephalos	404
Emberiza pallasi	408
Emberiza pusilla	411
Emberiza rustica	410
Emberiza rutila	413
Emberiza schoeniclus	407

Emberiza spodocephala 412
Emberiza tristrami 415
Emberiza yessoensis 406
Eophona migratoria 391
Eophona personata 392
Eremophila alpestris 296
Eudynamys scolopaceus 79
Eurystomus orientalis 247

F

Falco amurensis 262
Falco columbarius 263
Falco peregrinus 265
Falco subbuteo 264
Falco tinnunculus 261
Ficedula albicilla 365
Ficedula mugimaki 364
Ficedula narcissina 363
Ficedula zanthopygia 362
Fringilla montifringilla 389
Fulica atra 94

G

Galerida cristata 295
Gallicrex cinerea 92
Gallinago gallinago 177
Gallinago stenura 176
Gallinula chloropus 93
Gelochelidon nilotica 200
Geokichla sibirica 341
Glareola maldivarum 189
Glaucidium cuculoides 211
Grus grus 99
Grus japonensis 98
Grus monacha 100
Grus virgo 97

H

Haematopus ostralegus 138
Halcyon pileata 250
Haliaeetus albicilla 236

Helopsaltes certhiola 305
Hierococcyx sparverioides 80
Himantopus himantopus 140
Hirundapus caudacutus 72
Hirundo rustica 308
Horornis canturians 324
Hydrophasianus chirurgus 153
Hydroprogne caspia 201
Hypsipetes amaurotis 312

I

Ichthyaetus ichthyaetus 194
Ichthyaetus relictus 193
Ixobrychus cinnamomeus 116
Ixobrychus eurhythmus 115
Ixobrychus sinensis 114

J

Jynx torquilla 253

L

Lalage melaschistos 271
Lanius bucephalus 277
Lanius cristatus 278
Lanius schach 279
Lanius sphenocercus 280
Lanius tigrinus 276
Larus canus 196
Larus crassirostris 195
Larus fuscus 199
Larus hyperboreus 197
Larus vegae 198
Larvivora cyane 356
Larvivora sibilans 357
Leucogeranus leucogeranus 95
Limnodromus semipalmatus 174
Limosa lapponica 158
Limosa limosa 159
Locustella lanceolata 306
Loxia curvirostra 399
Luscinia svecica 358

M

Mareca falcata ······················ 43
Mareca penelope ····················· 45
Mareca strepera ····················· 44
Melanitta stejnegeri ················ 26
Melanocorypha mongolica ············· 297
Mergellus albellus ·················· 28
Mergus merganser ···················· 29
Mergus serrator ····················· 31
Mergus squamatus ···················· 30
Milvus migrans ····················· 235
Monticola gularis ·················· 371
Monticola solitarius ··············· 369
Motacilla alba ····················· 388
Motacilla cinerea ·················· 386
Motacilla citreola ················· 387
Motacilla tschutschensis ··········· 385
Muscicapa dauurica ················· 354
Muscicapa griseisticta ············· 352
Muscicapa sibirica ················· 353
Myophonus caeruleus ················ 361

N

Ninox japonica ····················· 210
Numenius arquata ··················· 156
Numenius madagascariensis ·········· 157
Numenius minutus ··················· 155
Numenius phaeopus ·················· 154
Nycticorax nycticorax ·············· 117

O

Oriolus chinensis ·················· 269
Otis tarda ························· 103
Otus semitorques ··················· 213
Otus sunia ························· 214

P

Pandion haliaetus ·················· 221
Panurus biarmicus ·················· 299
Paradoxornis heudei ················ 330
Pardaliparus venustulus ············ 290
Parus minor ························ 292
Passer cinnamomeus ················· 377
Passer montanus ···················· 378
Pelecanus crispus ·················· 127
Pericrocotus divaricatus ··········· 270
Periparus ater ····················· 289
Pernis ptilorhynchus ··············· 223
Phalacrocorax capillatus ··········· 133
Phalacrocorax carbo ················ 132
Phalacrocorax pelagicus ············ 131
Phalaropus lobatus ················· 178
Phasianus colchicus ················· 11
Phoenicurus auroreus ··············· 367
Phoenicurus fuliginosus ············ 368
Phoenicurus ochruros ··············· 366
Phylloscopus borealis ·············· 321
Phylloscopus collybita ············· 317
Phylloscopus coronatus ············· 318
Phylloscopus fuscatus ·············· 316
Phylloscopus inornatus ············· 313
Phylloscopus plumbeitarsus ········· 319
Phylloscopus proregulus ············ 314
Phylloscopus ricketti ·············· 322
Phylloscopus schwarzi ·············· 315
Phylloscopus tenellipes ············ 320
Pica serica ························ 282
Picoides canicapillus ·············· 255
Picus canus ························ 254
Platalea leucorodia ················ 111
Platalea minor ····················· 112
Pluvialis apricaria ················ 143
Pluvialis fulva ···················· 144
Pluvialis squatarola ··············· 145
Podiceps auritus ···················· 55
Podiceps cristatus ·················· 54
Podiceps nigricollis ················ 56
Poecile palustris ·················· 291
Prunella collaris ·················· 375
Prunella montanella ················ 376
Pycnonotus sinensis ················ 311

Emberiza spodocephala	412		*Helopsaltes certhiola*	305
Emberiza tristrami	415		*Hierococcyx sparverioides*	80
Emberiza yessoensis	406		*Himantopus himantopus*	140
Eophona migratoria	391		*Hirundapus caudacutus*	72
Eophona personata	392		*Hirundo rustica*	308
Eremophila alpestris	296		*Horornis canturians*	324
Eudynamys scolopaceus	79		*Hydrophasianus chirurgus*	153
Eurystomus orientalis	247		*Hydroprogne caspia*	201
			Hypsipetes amaurotis	312

F

Falco amurensis	262
Falco columbarius	263
Falco peregrinus	265
Falco subbuteo	264
Falco tinnunculus	261
Ficedula albicilla	365
Ficedula mugimaki	364
Ficedula narcissina	363
Ficedula zanthopygia	362
Fringilla montifringilla	389
Fulica atra	94

I

Ichthyaetus ichthyaetus	194
Ichthyaetus relictus	193
Ixobrychus cinnamomeus	116
Ixobrychus eurhythmus	115
Ixobrychus sinensis	114

J

Jynx torquilla	253

G

Galerida cristata	295
Gallicrex cinerea	92
Gallinago gallinago	177
Gallinago stenura	176
Gallinula chloropus	93
Gelochelidon nilotica	200
Geokichla sibirica	341
Glareola maldivarum	189
Glaucidium cuculoides	211
Grus grus	99
Grus japonensis	98
Grus monacha	100
Grus virgo	97

L

Lalage melaschistos	271
Lanius bucephalus	277
Lanius cristatus	278
Lanius schach	279
Lanius sphenocercus	280
Lanius tigrinus	276
Larus canus	196
Larus crassirostris	195
Larus fuscus	199
Larus hyperboreus	197
Larus vegae	198
Larvivora cyane	356
Larvivora sibilans	357
Leucogeranus leucogeranus	95
Limnodromus semipalmatus	174
Limosa lapponica	158
Limosa limosa	159
Locustella lanceolata	306
Loxia curvirostra	399
Luscinia svecica	358

H

Haematopus ostralegus	138
Halcyon pileata	250
Haliaeetus albicilla	236

M

Mareca falcata	43
Mareca penelope	45
Mareca strepera	44
Melanitta stejnegeri	26
Melanocorypha mongolica	297
Mergellus albellus	28
Mergus merganser	29
Mergus serrator	31
Mergus squamatus	30
Milvus migrans	235
Monticola gularis	371
Monticola solitarius	369
Motacilla alba	388
Motacilla cinerea	386
Motacilla citreola	387
Motacilla tschutschensis	385
Muscicapa dauurica	354
Muscicapa griseisticta	352
Muscicapa sibirica	353
Myophonus caeruleus	361

N

Ninox japonica	210
Numenius arquata	156
Numenius madagascariensis	157
Numenius minutus	155
Numenius phaeopus	154
Nycticorax nycticorax	117

O

Oriolus chinensis	269
Otis tarda	103
Otus semitorques	213
Otus sunia	214

P

Pandion haliaetus	221
Panurus biarmicus	299
Paradoxornis heudei	330
Pardaliparus venustulus	290
Parus minor	292
Passer cinnamomeus	377
Passer montanus	378
Pelecanus crispus	127
Pericrocotus divaricatus	270
Periparus ater	289
Pernis ptilorhynchus	223
Phalacrocorax capillatus	133
Phalacrocorax carbo	132
Phalacrocorax pelagicus	131
Phalaropus lobatus	178
Phasianus colchicus	11
Phoenicurus auroreus	367
Phoenicurus fuliginosus	368
Phoenicurus ochruros	366
Phylloscopus borealis	321
Phylloscopus collybita	317
Phylloscopus coronatus	318
Phylloscopus fuscatus	316
Phylloscopus inornatus	313
Phylloscopus plumbeitarsus	319
Phylloscopus proregulus	314
Phylloscopus ricketti	322
Phylloscopus schwarzi	315
Phylloscopus tenellipes	320
Pica serica	282
Picoides canicapillus	255
Picus canus	254
Platalea leucorodia	111
Platalea minor	112
Pluvialis apricaria	143
Pluvialis fulva	144
Pluvialis squatarola	145
Podiceps auritus	55
Podiceps cristatus	54
Podiceps nigricollis	56
Poecile palustris	291
Prunella collaris	375
Prunella montanella	376
Pycnonotus sinensis	311

Pyrrhocorax pyrrhocorax	283	*Tringa brevipes*	182
Pyrrhula pyrrhula	396	*Tringa erythropus*	183
		Tringa glareola	186
R		*Tringa guttifer*	188
Rallus indicus	87	*Tringa nebularia*	184
Recurvirostra avosetta	139	*Tringa ochropus*	181
Regulus regulus	372	*Tringa stagnatilis*	187
Remiz consobrinus	293	*Tringa totanus*	185
Rhopophilus pekinensis	328	*Troglodytes troglodytes*	335
Riparia riparia	307	*Turdus chrysolaus*	347
Rostratula benghalensis	152	*Turdus eunomus*	350
		Turdus hortulorum	343
S		*Turdus mandarinus*	344
Saundersilarus saundersi	192	*Turdus mupinensis*	351
Saxicola stejnegeri	370	*Turdus naumanni*	349
Scolopax rusticola	175	*Turdus obscurus*	345
Sibirionetta formosa	42	*Turdus pallidus*	346
Sinosuthora webbiana	329	*Turdus ruficollis*	348
Sitta villosa	334	*Turnix tanki*	137
Spatula clypeata	41	*Tyto longimembris*	209
Spatula querquedula	40		
Spilopelia chinensis	63	**U**	
Spinus spinus	400	*Upupa epops*	243
Spizixos semitorques	310	*Urosphena squameiceps*	325
Spodiopsar cineraceus	338		
Spodiopsar sericeus	337	**V**	
Sterna hirundo	203	*Vanellus cinereus*	142
Sternula albifrons	202	*Vanellus vanellus*	141
Streptopelia decaocto	61		
Streptopelia orientalis	60	**X**	
Streptopelia tranquebarica	62	*Xenus cinereus*	179
Sturnus vulgaris	340		
Syrrhaptes paradoxus	67	**Z**	
		Zapornia fusca	88
T		*Zapornia paykullii*	89
Tachybaptus ruficollis	53	*Zapornia pusilla*	90
Tadorna ferruginea	33	*Zoothera aurea*	342
Tadorna tadorna	32	*Zosterops erythropleurus*	331
Tarsiger cyanurus	360	*Zosterops simplex*	332
Terpsiphone incei	275		

参考文献

郭冬生，张正旺，2015．中国鸟类生态大图鉴［M］．重庆：重庆大学出版社．

国家林业和草原局，农业农村部，2021．国家重点保护野生动物名录．

马克·布拉齐尔，2020．东亚鸟类野外手册［M］．北京：北京大学出版社．

赛道建，2018．山东鸟类志［M］．北京：科学出版社．

单凯，王天鹏，赵亚杰，等，2024．黄河口国家公园丛书（三）鸟类图鉴［M］．济南：山东科学技术出版社．

孙虎山，左进城，2023．黄河岛鸟类图谱［M］．济南：山东大学出版社．

田家怡，1999．黄河三角洲鸟类多样性研究［J］．滨州教育学院学报，5（3）：35–42．

约翰·马敬能，2022．中国鸟类野外手册［M］．北京：商务印书馆．

赵欣如，2018．中国鸟类图鉴［M］．北京：商务印书馆．

郑光美，2020．鸟类学［M］．北京：北京师范大学出版社．

郑光美，2023．中国鸟类分类与分布名录（第四版）［M］．北京：科学出版社．

郑光美，马志军，陈水华，2018．中国海洋与湿地鸟类［M］．长沙：湖南科学技术出版社．

中国观鸟年报编辑，2024．中国观鸟年报 – 中国鸟类名录 v12.0 版．